# 你就是自己的公司

经营人生，就像经营企业

兰涛／编著

升级版

中国华侨出版社

**图书在版编目(CIP)数据**

你就是自己的公司 / 兰涛编著. —北京:中国华侨出版社,2012.5(2015.3 重印)

ISBN 978-7-5113-2317-0-01

Ⅰ.①你… Ⅱ.①兰… Ⅲ.①人生哲学–通俗读物 Ⅳ.①B821-49

中国版本图书馆 CIP 数据核字(2012)第 073216 号

**你就是自己的公司**

编　　著 / 兰　涛
责任编辑 / 晴　光
责任校对 / 孙　丽
经　　销 / 新华书店
开　　本 / 787×1092 毫米　1/16 开　印张/17　字数/230 千字
印　　刷 / 北京建泰印刷有限公司
版　　次 / 2012 年 6 月第 1 版　2015 年 3 月第 2 次印刷
书　　号 / ISBN 978-7-5113-2317-0-01
定　　价 / 30.80 元

中国华侨出版社　北京市朝阳区静安里 26 号通成达大厦 3 层　邮编:100028
**法律顾问:陈鹰律师事务所**
编辑部:(010)64443056　　64443979
发行部:(010)64443051　　传真:(010)64439708
网址:www.oveaschin.com
E-mail:oveaschin@sina.com

# 前言
QIANYAN

不知读者朋友们意识到没有，很多创新来自于交叉思考。当创业的概念被应用到自我发展规划上时，我们会有一些有趣的发现。如果把自己当作一个公司经营，公司的名称就是自己的名字，于是编写商业计划的技巧就可以被应用于完成自我发展规划上。

把自己当公司来经营。公司的理念、管理、模式、运营、发展等都与我们的人生密不可分，经营公司的未来也正是经营我们的人生。

把自己当公司来经营，可以使你视野开阔，更多地从战略层面来考虑问题，从而对人生的规划更仔细、更全面、更长远、更有见地。

把自己当公司来经营，可以使你更重视效率和效益，从而更好地利用时间和其他各种资源，使自己更加珍视生命，更大可能地发挥生命的潜能。

把自己当公司来经营，可以使你感觉到自己的责任，油然间增强你经营好人生的使命感和责任感，从而在无形中获得更大的动力和灵感。

把自己当公司来经营，可以使你感到生命原来如此厚重，从而更好地与自己交流，去品味生活，也包括享受孤独和苦难。

把自己当公司来经营，可以锻练你的战略思维能力、领导与管理能力、沟通能力、纪律意识等综合素质，从而为你以后拥有一家自己的公司，积累必要的素质、知识、经验等宝贵资本。

更重要的是，如果你不能成为自己的主人并用心经营自己，那么，你就会永远被别人所经营。

与传统抽象的职业规划课程不同，把自己当做一家公司来经营的思维模式，更能调动你思考和寻求改变的热情。而创业的理念，将潜移默化地融入你的思维习惯里。本书从工作、理想、责任、竞争力、品牌、客户资源、财务等方面告诉我们，公司经营的这几大要素正是人生规划发展的几个关键点，只有这些方面做到位了，公司的经营才正常，人生的发展才更有前景。

最后，祝愿广大读者朋友把"自己的人生"当"公司"一样经营得红红火火。

目录
MULU

# 第一篇　做自己的主人翁

　　很多人认为身在职场，身不由己，自己的命运掌控在老板的手中。其实不然，我们每个人都是自己的主人翁，在任何时候，面对任何事情，自己都有权利决定作出选择。每一个有所成就的人，都首先应该是一个懂得掌握自己命运，做自己主人翁的人。

# 第二篇　追求理想,辉煌人生

无论是对一个公司来讲,还是就个人而言,理想与金钱,并不总是能在一致的阵营里的。在这个时候,我们应该把理想放在利益的前头,抱着追求理想,辉煌人生的态度来做事。大凡那些能够取得长足发展的公司或个人,一般在考虑问题时会更看重未来的发展空间是否有利于愿景或理想的实现,而不是眼前的利益得失。

# 第三篇　责任大于一切

在某商学院中有这样一条启示录:承担责任没有对错,没有被迫,只有选择。一个大国家要承担起一个大国的责任,方能享受到大国的利益。同样地,对于一个大公司或一个人而言,也是责任与权利同在。你能担当起怎样的责任,才能相应地享受怎样的权益。一个人没有竞争力,主要原因就在于漠视责任,缺乏担当意识,没有以负责任的精神对待生活和工作。可以这么说:责任有多大,舞台就有多大——责任大于一切。

# 第四篇　打造自己的核心竞争力

市场竞争日益激烈，每个人都面临严酷的考验。简单来说，一个人没有专长浪难成功。所以我们一定要塑造良好的工作心态，明白自己的竞争力在哪里，对自己的优势和劣势有清楚的认识。在未来的工作生活中，通过学习，突破过去的盲点和障碍，端正态度，明确人生的追求，不断提升个人的核心竞争力。

## 第9章　让自己成为不可替代的

## 第10章　不败的竞争力来自于不止步的创新精神

## 第11章 永远学习，让自己历久弥新

# 第五篇　合作，把自己的弱项外包出去

我们任何人在这个世界上都不是孤立存在的，都要和周围的人产生各种各样的关系。不论你从事什么职业，也不论你在何时何地，都离不开与别人的合作。哲学家威廉·詹姆斯曾经说过："如果你能够使别人乐意和你合作，不论做任何事情，你都可以无注不胜。"世界上有许多事情，只有通过人与人之间的相互合作才能完成。一个人学会了与别人合作，也就获得了打开成功之门的钥匙。所以，人们常说：小合作有小成就，大合作有大成就，不合作就很难有什么成就。

## 第12章　合作的终极原则就是：1+1>2

## 第13章　团队意识——不可或缺的时代精神

# 第六篇　让自己成为一块招牌

> 21世纪人才辈出，要想从中脱颖而出，你就必须拥有自己的风格，打造自己的品牌，巧抬自己的身价，让别人知道你的价值，听说过你的名字，这样，在激烈的竞争中你才不会默默无闻，你的才华才不会被埋没。

# 第七篇　经营扩大你的客户资源

社会就像一张网，人际关系就是编织这张网的绳索，在现代社会，仅靠个人的力量很难成功。由此可见，学会动用自己的人脉力量经营自己的客户资源是多么的重要。通过和陌生人做朋友发展自己新的客户圈，维持自己的客户资源，多做情感投资。人脉的力量，可以让你遇到困难时得到贵人相助，还可以让你的事业可以扶摇直上。

**第 19 章　细节, 计划和执行都不可忽视的关键**

# 第八篇　理财, 健全自己的财务系统

理财越早开始越好, 先投资, 再等待机会, 而不是等待机会再投资。要知道拖延是理财失败的主因, 理财必须要从年轻的时候就开始。其实所谓理财, 并不仅仅是用某个计量单位来衡量某个物体的价值, 它还是一个宽广的知识海洋。理财在我们的日常生活当中处处可见。换言之, 如果没有这种理财方面的意识, 就可以说并没有为自己的人生做好充分的准备。

**第 20 章　财富有生命, 你不理它, 它不理你**

**第 21 章　你必须知道的 N 种理财方式**

# 第一篇

# 做自己的主人翁

很多人认为身在职场，身不由己，自己的命运掌控在老板的手中。其实不然，我们每个人都是自己的主人翁，在任何时候，面对任何事情，自己都有权利决定作出选择。每一个有所成就的人，都首先应该是一个懂得掌握自己命运，做自己主人翁的人。

# 第1章　把老板当成自己的客户

与其把老板视为自己的上司，畏之如虎，不如把老板视为自己的客户，你只是为这个客户提供工作、服务，老板这位客户会给你带来利润和成长。换一个角度看问题，你就换了一种工作心态，在这样的工作心态下，也许你会取得更好的成绩。

## 你在为自己工作

事实上，想要在职场中出类拔萃并不是一件很难的事，因为只要你掌握了使得你出类拔萃的秘诀，而这个秘诀在于，把你所效力的公司当成是你自己办的公司。有一个著名的企业家曾经说过："为我工作的人都得具备成为合伙人的能力，要是没有这样的潜力，我宁可不要。树立为自己打工的信念，把公司当作自己的产业，能够让你拥有更大的发挥空间，掌握实践机会的同时，也能够为结果负起责任。"

通常情况下，有"我不过是在为老板打工"这种想法的员工占大多数，这样的想法在职场中有着很强的雇佣与被雇佣性，这样会导致很多人都认为做多做少与做好做坏并不会对自己产生太大的影响。事实上，这种想法是完全错误的。

无论是你在生活中处于什么样的位置，无论你从事什么样的职业，你都不该把自己当成一个单纯的打工仔。生活中那些成功的人从不这样想，他们通常是把他所在的那个企业当作自己的未来。如果你有了这样的想法，那么你在工作中就可以比别人得到更多的乐趣和收益。你也就会早来晚走，加班加点，生产出的产品也是比别人更优秀。这个时候，身边的人，特别是你的老板，会将你做的看在眼里，把你和别人区别对待。当加薪和晋升的机会来临时，他首先考虑的肯定是你。

一个优秀的员工是绝对不会产生"我不过是在为老板打工"这样的想法的，他们把工作看成一个实现自我价值的平台，他们已经把自己的工作和公司的发展融为一体了。从某种意义上来看，他们和老板的关系更像是守在同一个战壕里的战友，而不仅仅是一种上下级的关系。对于优秀的员工来说，不管他们从事什么样的工作，他们已经是公司的合伙人了，在他们的眼中，他们就是在为自己打工。

美国某家打入世界500强的企业老总曾经应邀对加州大学的伯克利分校毕业生发表演讲，在演讲的时候，这位处在成功之列的老总也提出这样的建议："不管你在哪里工作，千万不要把自己当成一名普通的员工，而应该把公司当作自己开的。要知道事业生涯除了你自己之外，全天下没有人可以掌控，这才是属于你自己真正的事业。你每天都必须和好几百万人竞争，不断提升自己的价值，从而增进自己的竞争优势以及学习新知识和适应环境，并且从转换工作以及产业当中虚心求教，学得新的事物，通常这样的你才可以更上一层楼以及掌握新的技巧。"

这样的生活状态令所有人向往，然而，我们究竟应该怎么做，才能够达到这样的生活状态呢？那就是要把自己当作公司的老板，对自己的所作所为负起责任，同时，持续不断地寻找解决问题的方法，这样，你的表现自然而然地便能达到崭新的境界。要学会挑战自己，为了成功全力以赴，并且一肩挑起失败的责任。不管薪水是谁发的，你都该认定，你自己就是你的老板。

对于把公司当成是自己开的这件事，我们有三条忠告：

### 1.把自己视为合伙人

学会培养与同事之间的合作关系,以公司的发展为己任,就像是对待自己的产业那样对待自己的公司是一个职场中人在事业上取得成功的重要条件。

### 2.迎接变革的需求

其实企业需要的是高性能的员工,一定要持续不断地自我提高自己的专业素质,否则根本不可能在自己的专业领域上保持优势地位。你只有两种选择,第一是终身学习并立于不败之地;第二则是成为老古董,被新人替代,被时代淘汰。

### 3.全心全意地投入你的工作岗位

其实我们应该明白自己的工作士气要自己去保持,而不要去指望公司或是任何人会在后头为你加油打气。为你自己的能源宝库注入充沛的活力,全心全力投入工作,为自己创造出独一无二的能力,并且把工作的冒险历程当作一种乐趣。

事实上树立为自己打工的信念,你就可以在自己的工作岗位上发光发亮,从而培养出企业家的精神,创造出一番新的局面。


## 比老板想得多一点


你是否会有"不要主动承担什么事"、"不要给自己找麻烦"类似这样的"各人自扫门前雪"的想法呢?如果只是谨慎地把分内的事情做好,并不会主动地为上司多分忧,又怎么会赢来更多的发展机会呢?

事实上,多做分外的事情,并不会给我们带来额外的工资,还会招来一些闲言闲语。然而,从长远来看,这样做不仅可以给老板留下踏实、勤奋的好印象,而且有的时候还能帮助同事解决燃眉之急,从而获得好人缘。关键的是在帮助别人的时候,自己的能力也得到了提高。

　　小杜和小刘是刚进公司的两名大学生，不同的是小杜毕业于重点大学，而小刘是二类院校。起初，两人都被安排在工厂第一线接受锻炼。小杜自恃是名牌大学毕业的学生，本以为自己的工作应该是在办公桌前画画图、看看新闻什么的，而不是在工厂里安装、调试机器，这种又脏又累的活儿让他心里很不平衡。在这种心境下，他总是在上班的时间完成该完成的任务，从不管分外之事。

　　相反，小刘却觉得一线是个锻炼的好机会，他虚心请教，很快跟工厂的师傅们打成一片。在完成本职的安装、调试工作后，还主动去流水线了解机械的性能，有时他还会帮机械维修师傅维修机器。就这样，他对工厂机器的设计、机构、性能很快有了了解，这对日后设计画图、安装调试机器都很有帮助。

　　不久，厂里扩大生产淘汰一批旧设备，引进了一大批新设备，但设备安装完毕后却无法运转。当时，又正赶上厂家生产高峰期，工程师都被外派，最早的也要一周后才能回来。但是，生产在即，如果真要停产，那损失不可估量。于是，小刘主动请缨，厂长万般无奈之下，也只好答应让这位新手试试。小刘凭着平日里跟师傅们操作、维修机器的经验，不多时就摸索出了其中的缘由，并使机器就开始运转，厂长很是高兴。

　　短暂的实习期很快就过去了，小刘因为勤奋、好学和热情很快被领导赏识而转正，并作为储备干部而派往国外学习培训。而小杜却还在车间调试、安装着机器。

　　获得比别人多一次积累经验的另一个机会就是善于在平时多做一点事。而在关键的时候你也才会有敢于承担的基础。然而，多做分外事，也需要技巧，不要为满足自己的好胜心而抢别人的功劳，否则会物极必反，落得个里外不是人。

　　孙晓月是个热心肠，哪儿有问题、有难处，他就往哪儿跑。一天，单位的饮水机坏了，大家都没有热水喝，孙晓月看大家抱怨的样子，立刻开始修理饮水机，并好心将常年未清洗的机子好好地清洗了一遍。看着修好的饮水机，喝着热乎乎的开水，大家对孙晓月都很称赞。当然，孙晓月也因解决了大家的燃眉之急并受到夸奖而感到开心。此后，孙晓月更热情地为大家服务了，什么送快递、收传真、交水电费……他都乐此不疲。

可是，日子久了孙晓月觉得原本热心帮忙的事似乎成了自己的分内事，同事们会因为饮水机脏了、邮件未按时送到而责怪他。孙晓月可真是叫苦不迭，后悔自己当初不该那么热心。

本来是帮助大伙的热心事，却变成了吃力不讨好的烦心事，这其中在多做和不做之间，我们应该好好把握一个度。

在做事情的时候，"分内"和"分外"应该有所区分。"分内"是我们必须也应该完成的；而"分外"是在时间允许且完成本职工作后，能尽量去多完成的事。然而，对于老板安排的"分外"的工作，万不可一概而论。要考虑老板的领导方式、安排工作时所处的环境，还要考虑"分外事"的性质、目的等。在做这些事的时候可以向领导要求适当的"名分"，如果不能满足，则要强调自己是临时的。当然，要注意工作方法、说话语气，要让其他同事了解自己这样做是为了公司，以便同事们的体谅。

## 配合老板就是成就自己

帮助部门主管或者是上司做好相关的工作，不但会为日后的升迁打下基础，而且还能从中学习主管或上司良好的工作技巧，可谓是一石二鸟。从这个角度来讲，帮助上司成功就是获得自己的胜利，而且机会也就会光顾于你。

在面对各种类型的上司的时候，我们必须采取不同的配合方法。遇到好的上司会教你高效的工作方法，帮助你明确职业发展方向或是目标，也可能会对你有些提携。通过这些指点和培养，你会得到迅速提升自己的综合素质的机会,让自己的职业发展顺畅无忧。

具体来说,好的上司能够给自己的下属提供宽裕的职业发展以及晋升空间。对于员工的一点点成绩,好的上司也会毫不吝啬地认可并给予赞扬,从而激发你的工作热情和动力。并在适当的时候,提供展示或是晋升的机会,或者是加薪,也或者是当众表扬,等等。而当你工作出现错误时,他或者她会对你宽容和理解,并帮助你及时分析失误、找出原因,并鼓励你不断学习和探索。

一个好上司的个人表现主要体现在处事公平、公正,对工作有责任感,还要体现在他对下属有足够的耐心和责任心,并且为他们提供公正平等的培训、奖励和晋升的机会。另外,对于所布置的工作、下达的任务,好的上司也总是会体现出思路清晰明确,并且能够坚持决定,对于工作和私人之间的关系总是能够处理得当。一个好上司,一定要具备超前意识和全局观念,并且处事果断,具有较强的人格魅力。

以上所说的是完美而全面的好上司,这是我们在实际工作中很难遇到的。多数情况下,我们对自己的上司难以满意。这就是为什么总有人抱怨自己的上司;为什么总有几个人一起私下议论自己的上司;为什么会有人觉得上司能力不行、处事不公、自私小气;为什么下属会觉得自己的成绩被忽视,或是小小的失误就会招来怒骂;为什么我们会觉得上司的规划总是变来变去,让下属无所适从;为什么下属会觉得没有信心,因为上司总是亲力亲为;为什么下属总觉得得不到提拔的机会;等等。当我们面对上司的这种种"令人不满"时,就可能产生不积极主动,不配合的消极情绪,甚至经常与上司闹别扭,使团队不和,工作陷入被动局面。

嘉华在一家公司做销售,因为个人能力和综合素质都不错,干了一两年,在主管的培养下,很快得到提升,成为了公司的优秀销售员。但是不久情况发生了巨变,他的主管由于个人原因辞职,并自己创业。

虽然,主管走了但是嘉华感觉能力和业绩自己都不差,说不定还有升职的机会,可是恰恰相反。公司外聘了一名新的主管,这对嘉华心里造成极不舒服的感觉。而且,他还把这种不满的情绪发泄到新来的主管身上。不仅会有意让主管难堪,而且在工作中也不积极配合,工作之余还会散布一些主管的坏话。在传播这些小道消息的时候,嘉华还并鼓动大家一起来把新主管赶下台。

新主管是个明白人,他知道嘉华在与自己唱对台戏,但却很有耐心,不仅多给嘉华表现自己的机会,还会非常注意他的感受,对于这些小冲突,他都能够很宽容地给予理解。在工作上遇到的一些问题,也主动与他交流沟通。可是嘉华没有领悟主管的苦心,反而自以为了不起,感觉主管也不敢对自己怎么样。随着事情的发展,主管认为再这样下去无济于事,于是向公司说明情况。公司最后决定将嘉华辞退。

从这个故事中嘉华后来的表现,也许能够让我们找到为什么在晋升机会来临时,嘉华没有得到提升的原因。主要是因为嘉华不具备一个主管应该达到的公司要求。

因而,当问题出现时首先要好好反省一下自己,找出差距,分析原因,并做出调整以求改进。不要一味地把外因当作"分析"的对象,认为公司不公平,或者是自己不被重视等其他原因,更不要将这种不满的情绪转移到工作上来,否则对工作环境甚至整个公司产生不好的影响。

小唐在一家公司工作了两年,因为不太满意自己的岗位,再加上失去了工作激情,整个人也变得郁郁寡欢。在小唐看来,他觉得自己能力很强而且有一定的管理水平,总觉得公司应该提升他为主管。

怀着这种怀才不遇的感觉,小唐对上司安排的工作总是应付了事,与其他部门的合作也是心不甘情不愿的,因此也惹来了一些部门的投诉。为此领导经常找他谈话,可他总是阳奉阴违,表面上认可,在实际工作中仍我行我素。

终于有一天,他的上司离开公司另谋高就了。可是,替代原来上司职位的机会并没有降临在小唐的身上。于是，他不仅非常痛苦和难过，而且还总是抱怨为什么公司要这样对他？领导也不重视他……公司领导对此有所察觉，于是将一个新的项目交给他全权负责，也是考验他实际的工作能力和管理水平。

这让小唐找回了自己，并想好好地把握住这个机会，于是他全心地投入这个新的项目，竭尽所能地开展相关的工作，努力将每一件事做好。但是，因为自己之前工作的消极，使得他没有真正了解和掌握项目进行中的一些技巧和经验。因此，这个新项目的实施出现了很多问题，结果以失败告终。

这样的结果，使得公司领导不得不外聘一名新主管来接替现在的工作。但是，小唐却很自负，对于新上任的主管，他不仅不愿主动配合工作，而且还与新来的主管关系闹得越来越疆，并对部门正常的工作开展造成影响。最后，小唐自己觉得再这样下去也没意思，就提出调离到其他部门的申请。

以上两个故事的主人公有一个共同的缺点，那就是缺乏共同的职场素养，并且都没有做到积极学习，不但失去了职业发展机会，而且还落得个离开的结局。如果他们能够配合自己上司做好工作，并能够虚心地向上司学习那结果也许会不一样！

## "独行侠"注定不能成功

现代社会，我们听到更多的是双赢，甚至多赢，但是竞争却又无处不在。但是，同事之间十之八九都有共同的目标，从这个角度来说同舟共济比同室操戈更有意义。

在职场中，"独行侠"的做法实在有些愚蠢，因为我们会在工作中积累很多的友谊，并且这些珍贵的友谊对我们的职业生涯都是会产生深厚的影响的。

青青在一家合资企业工作，虽然已结婚四年，但一直没要孩子。因此，她也总有时间和同事们"疯"玩。由于彼此性情、年龄相仿，所以大家处得极为融洽。每到下了班的时候，忙碌了一天的青青并不忙着回家，总是和同事们相约，不是去吃饭，就是去打保龄球、看电影，或者一起去某一家做饭吃。若遇上个晴天周末，青青还会和丈夫一起与同事们去郊游。青青认为：和同事们分享生活空间，可以很好地消除误会，提高默契程度，增加沟通，这样工作的效率也就高了。

和同事做朋友，可能是大都市里办公室中的一种风气。流行的，多少有些合理处：

### 1.同舟共济胜于同室操戈

我们可能会有这样的认识：部门的效益上不去，个人就没有升迁机会。很多时候，需要把自己融进去，而不是择出来，这是"团队协作"的意义。对于那些关于封闭自我的人来说，这或许是一种新的挑战。我们应该跳出自我的小圈子，融入到集体中。事不关己，明哲保身，这已然是一种落后的交往观了。

一位工作友谊专家曾说，工作中建立起来的友谊，会对我们的职业生涯起着非常重要的影响。一位工作中的朋友或许会成为你进入公司核心领域的引路人；工作中的朋友还会为你的工作表现提供回馈，提出好的建议助你前进。构建了这种氛围后，你会以享受的心情去工作，并且会增强你的创造力和生产力。

决定我们晋升的因素很多，在考察方面，同事评价这种能直接体现你团队协作能力的因素是值得我们关注的。许多人是因为友谊而获得一份新的工作，而在工作中我们也不免会把私交"提交"给公司，并会相应地得到公司奖赏。同事友情如此有价值，你还会做"独行侠"吗？

**2.评判一下自己是不是"独行侠"**

办公室中的"独行侠"往往有多种表现:拒绝参加公司活动,办公室政治避而不谈,漠视企业文化,性格孤僻。冷漠对于一个团队来说是致命伤,并且是开拓事业的一大弱点。市场经济的商业操作使得我们在考核员工时,出现了一个新的法则:你并不一定出类拔萃,但是要忠于自己的职位,兢兢业业做好本职工作,并且要具备与人沟通、协作、协调的个人综合能力。同事们不会直接告知你是否做了"独行侠"的事,但你可以从他们的行动中感受到。当你发现同事们有以下这些表现时,你就得好好思考了。

(1)上司可能常常表扬你,你也并没发现什么过错,但是周围同事却在背后诋毁你。这说明你可能是办公室里的个人英雄主义者,因为是个人能力强,但却少与同事的配合和沟通。要知道,办公室是一个集体,要是不想挨冷箭,就要避免单枪匹马地去抢功。否则,你很快就会陷于孤立无援的境地。

(2)在工作之余,同事们约好一起去玩儿,却没有告诉你。这可能是在告诉你:你不受欢迎。也许是你脱离了群众,却和上司太亲密,大家怕你出卖他们。也许是你的工作十分出色,受到的表扬多,遭人忌妒。这个时候你要做的是,尽快与同事拉近关系。

(3)同事带着孩子到办公室,但唯独没向你介绍。这可能是因为你太古怪,他不愿让你接触自己的宝宝;也可能是以前你并不关心其他同事的家人。这时候你应主动去与孩子说话,解除之前的印象。

(4)你一走近本来在窃窃私语的同事就戛然而止。这表明他们在议论与你有关或是不愿让你知晓的事情。与你有关,可能是你的穿着打扮有不检点之处,或是你与上司的关系暧昧;不愿让你知道某些事。这时候,你可以私下单独请其中平时和你关系较好的聊聊,以便知道症结所在。

*杨靖在一个大公司做销售,后来因为业绩出众,得到领导重用,提升她为销售总监。*

对于销售总监这个职位,杨靖本不是很在意。因为,她所在的公司实行的是提成制,大家都是靠业务熟练,拿单子吃饭。如果能够拿下"大单",她的收入也不比销售总监低多少。

正因如此,杨靖并没把事情放在心上,也没有冷静地分析自己做销售总监应该履行的责任,只是盲目地按照自己做业务的方法执行目前的职务。

以前,因为要和客户谈事情,她常常熬到很晚才下班。于是,她把这种工作习惯带给了其他的销售人员。她机械地规定:每天要约好第二天要谈的客户,如果不能按照固定数目报上来,就会受到惩罚。

从表面来看,这种方法似乎很积极、很努力,但是实际中弊端很大。有些销售人员为了谈妥客户,并且保证当天汇报工作内容,就硬生生地和客户约时间,这就难免引来客户的抱怨和反感。

不良的效应虽然显而易见,但是杨靖并不这样认为,她觉得这是个人习惯应该好好培养,即便没有业绩,这种做事的方法还是值得提倡。同时,她还要求其他同事也得像她一样全身心地投入工作。工作以外的事情一律不参与,对于其他部门搞的什么联谊活动,她是绝对不参加的。好几次财务主管要求两个部门一起聚餐,都被她一口回绝了。这样的结果就是,当她要预支一笔业务费用的时候,财务主管迟迟不给支持,总是以没有提前打招呼、手里没钱等为借口。

而且,自己的下属也看不到她的努力和苦心。部门中有个叫小赵的,平时就自由惯了,但是现在却要时常地被杨靖抓去按时汇报工作,这让小赵很是埋怨。部门里其他几个业务能力很强的同事,因为一些小事,被她批评后也心生不满。

杨靖不在乎大家对自己的误会,她觉得大家日后会认可自己的努力。但是,事与愿违,销售部的员工开始背着她嘀嘀咕咕,有的甚至去打小报告。终于,杨靖被老板叫去了,并告诉她,下属们都投诉她,撤销了她的销售总监职务。

自己的付出、努力,却得到这样的回报,杨靖自然感到失望与伤心。可是这又能怪谁呢?这就是"独行侠"的结局啊!

## 想人助,先自助——干出业绩是第一步

作为职场中人的你有没有想过,在企业和老板的心目中,最看重的是什么?那就是——业绩。

对员工和公司,业绩的重要性实在是太明显了,企业要蒸蒸日上,要靠好业绩;员工想要实现加薪升职,也必须要靠好业绩。一个员工每天虽辛苦工作,倘若没有业绩,公司不赚钱,老板又要拿什么给员工发工资呀?

目前,大部分公司都实行的是岗位薪酬制,除了一定数额的基本工资,其他的比如奖金、福利等都是完全根据个人工作业绩来决定,业绩高则收入高,否则就只能是底薪。在销售、保险等行业,其收入几乎全是取决于工作业绩,可以说完全要靠个人能力。

按照这样的标准来看,一名员工,不管你曾经付出了多少心血,做了多少努力,也不管你学历有多高,工作年限有多长,人品是如何的高尚,只要你拿不出业绩,那么老板就会认为他付给你薪水是在浪费金钱,你在公司的处境也就不会明朗了。

既然现实就是这样,抱怨也毫无用处,还是要去学会接受和适应。千万不要因此而责怪老板和企业薄情寡义。一个员工,必须要努力创造业绩,把为老板和企业谋利当作神圣的职责、光荣的使命,而在工作前三年培养加强业绩的意识,打下良好的基础更是十分重要的。如果不这样做,便纵有千般好,万般优,归根结底还是等于零,因为业绩才是王道。

市场经济下,公司要想获得很好的生存和发展,必须创造价值,而公司价值的获得靠的就是员工的业绩。一个为公司着想的员工,应千方百计

想方设法为公司创造价值，而要做到这一点，关键的就是拿业绩说话。

有业绩，才有发言权。不管你是毕业于名牌大学还是普通大学，也不管你是来自农村还是来自城市，在同一个企业同一个岗位，大家都是站在同一条起跑线上的人，企业最终认可的不是你的背景，而是你做出的效益与贡献。权衡新员工是否有能力，是否胜任，最主要的就是看他为企业带来多大的效益。员工倘若没有能力为公司作贡献，或者无法出色地完成本职工作，是没有资格要求企业给予回馈的，因为这种人恰好是公司打算辞掉的。证明自我价值，必须用业绩说话！职场新人应该清楚这一点，并尽力提高自己的业绩能力。

两个同年龄、同学历的女生毕业后来到同一家公司上班，张丽青云直上，而刘虹却总是原地踏步。于是乎，刘虹很不满意老板不公平的待遇。

有一天，实在忍不了的刘虹到老板那儿发牢骚："老板，你交代我做的事，我都努力去完成。每天我都把做不完的工作带回家去做，就算是牺牲睡眠，我也在所不惜。我那么为公司卖力，为什么你总是先升小张不升我？"

"刘虹，恕我直言，"老板这样回答，"同样是朝九晚五，同样性质的工作，但是小张能在下班以前就把工作完成。她能做到'今日事，今日毕'，你却只能做到'今日事，今夜毕'。我感激你的苦劳，但我更欣赏她的功劳！"

刘虹哑口无言，她终于明白自己是输在效率上。

某公司的财务部总监可以说是工作狂，据她自己说，曾连续加班三昼夜。大家都在纳闷，如此黑白颠倒，白天上班能有多少效率可言？结果后来事实的发展让人大跌眼镜，在该总监任职不到一年离职时，居然有半年的账未作。

有些人觉得，工作时间越长，越能显示自己的勤奋。其实，工作效率和工作业绩是最重要的，整天忙忙碌碌但忙不出成果，这不是一个有效的工作者。因为，效率第一才是公司对员工的要求，更是市场对企业的要求，市场不关心你是否忙碌,它只关心你创造出了多少价值。倘若员工取得的业绩微乎其微,给企业创造的利润少之又少,再加上不时地给公司造成损失,那么即使整天在公司里忙得团团转,又有何实在意义?

假如你整日奔波劳顿,早已身心疲惫但是一无所获,那么,你也许不是工作不努力,而是没有掌握提高工作效率的正确方法,在无意中浪费了你的生命。

以下的建议虽然不是万能的"灵丹妙药",但希望它们能提供一些提高工作效率的帮助:

(1)制定工作进度表,预先做好规划

"凡事预则立,不预则废",如果你能制定一个高明的工作进度表,你一定能在限期之内拥有充分的时间,完成交付的工作,并且在尽到职责的同时,兼顾效率和经济。有期限才有紧迫感,也才能珍惜时间。设定期限,是时间管理的重要标志。

(2)分清轻重缓急,设定先后次序

假如你想有效地管理和利用时间,在自己的职业生涯中创造辉煌,那么最行之有效的方法就是:培养自己根据工作的轻重缓急来组织和行事的习惯。

大家都清楚,确定一项工作是否立即去做的两个要素是紧急和重要。紧急的工作通常是显而易见的,它们给你造成压力,非要你立即采取行动不可。它们往往就在你面前,而且通常是容易完成的,但是,它们又经常是不重要的。

有效运用时间,提高工作效率的精髓即在于:分清轻重缓急,设定优先顺序。

(3)善用零散时间

对于每一个人,每天都会有很多不知道做什么的零碎时间,你每天的工作时间中就有许多零碎的时间,如一重要客户还没来,你不得不等待;

去取一份重要的报表,因对方不能按约定时间交付,你不得不等待;上司要约见你,因时间未到不得不等待……不要白白浪费掉这些短暂的时间,你要养成善用零散时间的习惯。

# 第 2 章　以做老板的心态对待自己的工作

也许我们都会发现,在工作中上司总是比自己用心。是因为他是上司所以才如此用心还是因为他对待工作如此用心所以才成为了上司?其实这是一个工作态度与工作职位的方程式,两边对等了,方程式才会成立。也就是说,你有了像老板一样对待工作的心态了,成为老板对你来说也将只是时间早晚的问题。

## 打造良好的职业心态

事实上,心境通常可以决定环境,一个人的工作态度以及执行效率是由心境决定的。在工作当中,人们只有保证了良好的职业心境之后,才可以干得出色。

其实,心境决定环境的说法是十分确切的,心境决定着人们面对生活的态度,心境决定着人们办事的效率。事实上,一个好的心境能够提高我们做事过程中执行的效率,也能够提升我们的业绩。

在生活当中,我们时常可以听到:"我实在不喜欢现在正在做的活儿,所以我跳槽了",或者是"我在这里工作一年了,我对我的老板受够了,所以想换个工作",等等。总有一些人在做某件事情的时间久了之后,就会对手头的工作没有兴趣,认为自己在做着乏味、枯燥的工作。对于职场新人来说,这是最常见的现象。

职场中，只有能够保持一种良好的心境，才可以取得出色的业绩。

其实，现今社会许多人的失败并不是自己的能力或者其他因素带来的，而是因为自己无法掌控的事情。在现实生活当中，激烈的竞争形势与强烈的成功欲望的双重压力之下，人们时常会出现焦虑、急躁、欢喜、慌乱、失落、茫然、颓废、百无聊赖等困扰工作的因素，这些情况有时也各种情绪一齐发作，因而让人丧失对自身的定位，无所适从，如此一来，人们的个人发挥能力受到了很大的影响，工作也因此大打折扣。

因而，我们一定要让自己在工作中有出色的表现，首先，就应该做到自己可以随时随地保持一种良好的心境，这对于一名初涉职场的新人手来讲，这一点是尤为重要的。

史密斯在麻省理工学院毕业之后，便直接进入了一家公司，不久就已经成为分公司销售经理的候选人。然而，当史密斯进入这家公司的第一份工作，并不是自己想象的那样，而只是坐在办公室里接听电话、处理文件。当然，史密斯并没有因此觉得无聊或者没劲，他从小在农场中长大，即便是毕业于麻省理工学院这样的名校，他也知道幸福生活来之不易，因而，史密斯一直保持着良好的职业心态，在他看来，干好自己的工作，为明天积累经验是最为重要的。

从到公司应聘的第一天起，史密斯都是耐心地做着分内的工作，没有任何的怨言，面试他的人事部官员觉得自己没有选错人，对他的评价很好。在工作一年过后，史密斯被派往总部接受培训。没过多久，他便是这个跨国公司的一名区域经理了，负责产品的销售和开发。

身在职场，整天都要周旋在老板与同事之间，就像是置身于一个又一个矛盾的旋涡之中，摩擦与竞争在所难免。这个时候，工作的单调以及同事的刁难，再加上紧张繁忙的工作安排，使得越来越多的人觉得自己的工作难以忍受。其实，这都是错误的职业心态所致。

想要在职场上获得成功，首先要做的事，就是学会找寻工作当中的乐趣,充盈于工作过程中的每一个时刻。每一个人都是平凡的,每一个平凡之人都想变成不平凡的人,正是因为这种现象的存在,才使得一个公司甚至整个社会得到进步。对于个人而言,这样的众人竞争非常容易产生心理上的压力,然而不管我们是否可以变成一个不平凡的人,我们都应当从工作中得到乐趣。我们要清楚一点:工作的乐趣不是与生俱来的,这需要工作者的自信、努力、谦虚、坚持……

保持工作乐趣的另外一个重要的因素就是致力于一份自己喜爱并且天天期待的职业,一个挑战自己的能力与想象力的工作。这样会让我们在快乐的工作心境中更加振奋地工作。

## 站在老板的角度想问题

我们通常所说的"像老板一样思考",并不是说员工可以不顾实际、一门心思地想着做老板,置手头的工作于不顾,而是强调作为员工应该要树立一种主人翁意识,用老板的态度来对待公司,这会让作为员工的我们受益良多。

当然,这位老总并不是说让这个还没有正式走出校门的毕业生做好对自己工作的公司事务横加干涉的准备,而是希望你换一种积极的思路来考虑问题,提高自己工作的主动性。

有些人觉得,公司是老板的,我只是为他打工而已。我的工作做得再用心,表现得再好,我拿的就是我的那份工资,得好处的永远是老板,对我没什么影响。有的员工每天准时来上班,一到下班时间连一秒钟也不想再待在公司,总是第一个冲出办公室或车间。有的员工甚至趁老板不在的时候煲电话粥或者无所事事地遐想。

事实上,这种想法和做法其实是在自毁前程,也是在浪费自己的生命。曾有一个在事业上很有成就的老板说:"除了那些含着金钥匙出生的人,大多数的老板刚开始也是为别人打工,而一个人打工时的心态从某种意义上来说,决定了这个人日后是否能够成为老板。"

如果你觉得老板整天只是和客户吃吃饭,打打电话而已,那就大错特错了。事实上,他们无时无刻不在思考着公司的远景和发展方向。有时候,我们应该尝试做一下换位思考,也就是要站在老板的角度去考虑问题。在实际工作中,我们应该具有一种老板心态,经常在心里想一想自己假如我是老板,遇到这种情况,自己会怎么想,怎样处理?

假如你是老板,你的公司里有两个员工,其中一名员工只有在工作任务交代得很详细的状况下才去做,还经常不能按时完成工作;而另外一个却总是能够很圆满地完成布置的任务,还在工作中喜欢帮助别人。这两名员工,你更愿意雇用哪一个?答案是显而易见的。

每一个老板都一样,他们都不会喜欢那些只是每天在公司混日子的员工,他们希望看到的是那些能够真正把公司的事当作自己的事来做的积极的员工,因为这样的员工不论什么时候都敢做敢当,而且能够发现公司存在的一些问题,并为公司的发展出谋划策。

像老板那样去思考问题,能够让你受益匪浅。老板之所以能成为老板,一定有其过人之处,是很优秀之人。揣摩优秀的人是如何想的,以优秀的人为榜样,向优秀的人学习,以老板的心态来对待工作,你就会去自觉地思考企业的发展,就会知道自己该做什么,不该做什么,就会像老板一样去思考问题、去采取行动。

老板与员工最大的不同就在于:老板把公司大大小小的事情都看作是自己的事情,做到最好,员工则把公司的事情当作老板的事情,工作得过且过,正是因为存在着这两种不同心态,才使得他们工作的方式截然不同。任何有利于公司的事情老板都会积极地去做,但是有些员工在公司里却往往是把自己的分内之事完成,至于别的事情,他们通常会说"那不是我的工作"或者"我不负责这方面的事情"。

然而,当员工以老板的角度思考问题时,往往就能渐渐地和老板一样积极主动地工作,忠诚于自己所在的公司,并且对自己工作的结果负起责任。

段小远从国内一所知名的管理学院毕业的时候,就有几家大公司同时向他伸出了橄榄枝,然而最终他却决定去一家规模较小的公司做总经理助理。对于段小远的选择,同学都想不明白:在实力比较强的公司工作,能够有一个较高的起步平台,而段小远为什么自讨苦吃?再者说,助理的工作不就等于是打杂的吗?工作也就是收发文件、做做记录,这种工作,在他们看来,根本没有什么前途。

过了几年,段小远从一个初出茅庐的毛头小子变成了一家年赢利过百万元公司的老总。有一次,当别人称赞他的能力非凡时,段小远谦虚地说:"其实,我刚参加工作时那份总经理助理的工作让我受益匪浅。正是由于这种每天都在跟公司的各种文件、资料打交道,才使得我很快地理出了一个领导的管理思路;而记录一场场的会议记录,又让我明白了企业是如何决策、如何经营的。当初我做的那一件件小事看似不起眼,然而,如果从公司老板的角度来看待,就能看出价值的所在。"

常言道,读万卷书,不如行万里路;行万里路,不如阅人无数。段小远的这段"取经"的经历对我们很有启示。

事实上,在老板看来,管理无非就是两件事情。一件事情是要降低管理成本,控制运作费用;还有一件就是扩大业务范围,增加业务收入。其实总结起来这两件事就是一件事,那就是为了提高利润,因而,老板最终还是要看利润的,利润要从管理中来。

所以,你给老板的任何提案都需要在这两个方面下工夫,要么是降低成本,要么是扩大收入。否则的话,就算你说得天花乱坠,老板也不会重视你的意见。降低成本和扩大收入这两个主题是你与老板沟通的基础。在你自己看管理问题的时候,也要学习老板的管理办法,只有如此才能增强企业的竞争力,提高公司的效率。

当你以老板的心态来要求自己时,就不会只满足于达到公司的目标,而且会以一个更高的目标来实现自我满足,这就等于是在挑战自己,而不是做样子给老板看。

张小雨刚到一家公司的时候,只是一名普通的出纳。开始的时候向老板汇报工作,也只是简简单单地汇报一些数字。时间长了,张小雨觉得自己的工作还有很多需要改进的地方。他想:假如我是老板,我会希望财务人员更多地给我提供些什么信息。他想到不应该仅仅是完成每个月的损益表,而且应该有更多的分析,例如企业经营的状况、得失和可能存在的风险等。于是,张小雨在之后的汇报中向老板呈上了自己精心准备的这些方面的资料,老板对他的主动精神和工作业绩颇为满意。久而久之,老板觉得他这个人不错,便将他调到自己身边做秘书,另外,大事小情都和他商量。

老总的眼光放眼全局,算的是大账,看问题直达核心;以一般员工的眼光看事情,往往被表面的现象迷惑,或者被自己的职位限制,不懂得准确地定位。

一个有准备的打工者,一定会在平时以老板的心态要求自己,将自己在工作中遇到的事情当作经验与知识积累下来,时间一长,他就具备了当老板的素质。

当一个员工以老板的心态去对待工作的时候,他就必然会完全改变自己的工作态度,时刻站在老板的角度思考问题,业绩也会越来越高,进而他的价值会得到体现,企业也会因为这种员工的努力而变得不一样,同时,一个员工还可以通过这种带动作用改变自己身边的人。

# 学会与老板换位思考

像老板一样考虑问题以及行动,必然就会有老板的心态和思维,以老板的心态对待工作,即便是再普通的员工也会成为一个老板乐于雇用的人、一个值得信赖的人、一个对公司的发展有帮助的人。

在职场之中,员工们讨论得最多、抱怨得最多的总是自己的老板,诸如"昨天一直加班到半夜,晚饭都没吃,打车费也不给报销!""办公室的空调坏了,这么热的天,老板都不闻不问的!""老板太抠门了,什么都是省钱第一,真是让人受不了!"

这种抱怨在日常生活中我们听得最多。事实上,只要换位思考一下,我们也就能够理解老板了。老板也是人,与所有人一样,他会有巨大的事业压力,还有家庭琐事的拖累,也有不好对付的客户,更有因员工不理解而生出的苦恼。

老板承担着巨大的风险创办公司,购置设备、招聘员工、训练员工、管理公司、开拓市场,等等,这些过程不但十分烦琐辛苦,还需要具备很多特殊的能力,比如组织能力、管理能力、企划能力、融资能力,等等。为了维持公司的正常运转,老板对内要做好管理,使得一切有条不紊,对外还要协调各方关系,交际应酬,以便让一切事务都能顺利进行。许多人只看到了老板光鲜的一面,却总是忽略了作为一个老板所付出的辛劳。员工只需要对老板负责,而老板却必须要对所有的员工负责;普通员工只需要做好本职工作,老板却要统筹全局;员工在周末或者业余时间休闲,而老板却从来都不敢有丝毫懈怠,如果企业经营失败,员工再找一份工作就可以了,但是对于老板来说,却是多年心血毁于一旦,并且很有可能一辈子都翻不了身。

老板的压力和痛苦只能自己忍受。因而,如果作为员工你能够学会换位思考,多为老板着想,拿出漂亮的业绩,那么,任何一个老板都会毫不犹豫地重用你。

戴尔·卡耐基曾经在报上刊登了一则聘请秘书的广告,没过几天,就有大约三百封求职信涌来,信的内容几乎是一样的:"您好,我是在周日早报上看到您聘请秘书的广告,我希望应征这个职位,我今年二十几岁,毕业于某某大学……"

有一位聪明的女士并没有说她有如何如何的能力,她说的是卡耐基需要什么。只是这样写道:"尊敬的戴尔先生:您所刊登的广告可能已经有数百封回函,但是我相信您一定很忙碌,抽不出时间来一一阅读,因而,您现在只需拨个电话,我就十分乐意过来帮助您整理这些信件,以节省您宝贵的时间。我有10年的秘书经验……"

戴尔·卡耐基看完这封信后,立即打电话请她前来。卡耐基还说:"像她那样的人,永远不用担心找不到工作。"

学会换位思考,并且在任何时候都能设身处地站在别人的立场以及处境考虑问题的人,永远都可以在职场上找到适合自己的位置。

换位思考,也就是员工可以站在老板的立场上去看待问题,充分理解老板的难处,想老板之所想,急老板之所急。就像老板那样思考以及行动,也要像老板那样奉献,还要有老板那样的追求,如此一来,即便是员工,也会具备像老板那样的素质和能力。只要你愿意,终有一天你会通过自己的努力变成一个名副其实的老板。

# 像老板一样热爱公司

如何像老板一样热爱公司?最好的办法就是:拥有老板心态。

那些职场中的佼佼者,大多数都具备老板心态,他们能够把老板的事当成自己的事,将老板的钱当成自己的钱。

在职场中,许多人不懂得这一点,他们总是把老板的事和老板的钱当成是别人的事和别人的钱来对待,这样做的最终结果是:老板也就把他们当成了外人。

任何一位身处职场里的人,想要取得一番成绩,拿到梦想中的高薪,享受让人艳羡的福利,就必须具备老板心态,如果没有,就必须马上培养。

那么,到底什么是老板心态呢?老板心态,其实就是指责任心、事业心和使命感,一种"纵观全局、从小做起"的工作精神,一种对效率、质量和品牌等方面持续关注与尽心尽力的工作态度。

拥有了老板心态,并非一定可以成为老板,然而没有老板心态,一定成不了真正的老板。

有许多成功人士都曾经这样论述过金钱和事业的关系:自己的钱办自己的事——既有效率又节约;自己的钱办别人的事——节约但效率不高;别人的钱办自己的事——有效率但不节约;别人的钱办别人的事——没有效率也不节约。

这样的道理众所周知,然而,真正能把这个关系应用于职场中的,却并没有多少人。如果我们能够像热爱自己的爱好那样热爱工作,像老板那样热爱自己的公司,那么我们就一定能把老板的事当成自己的事,凡事讲效率和效果,将老板的钱当成自己的钱,凡事讲节约,那么,最终的结果就是:老板把我们当成自己人。

如果我们很长时间都坚持这样做了,我们的老板却始终没有任何表示，那么我们就可以选择离开了。事实上，如果我们像老板一样热爱公司和工作，但是老板却无动于衷，我们也没有吃亏，因为有这样的老板才更加地磨炼了我们，让我们拥有了老板思维和老板心态，对于他，我们应该表示感谢。因为，一个拥有老板心态的职员，不管在哪里工作都会受到企业和组织的欢迎。

想要具备老板心态，我们应该首先认可以下三个基本观念：工作是为了自己；老板的事业其实就是自己的事业；能力比薪酬更为重要。

**1.工作是为了自己**

当你将公司看成是自己实现理想的舞台的时候，你一定会像老板一样热爱公司和工作，也就是说你具备了老板心态。其实，当"工作是为了自己"这个观念在自己脑海里确立的时候，那么你自己就已经是公司的老板了，因为你已经和公司融为一体，当然，你的所有的努力都不会白费。

齐勃瓦在16岁那年到一个山村做了马夫。虽然在学校只是接受过一段很短时间的教育，然而有志向的齐勃瓦也不甘心做一辈子马夫，因而，他一直在寻找发展的机会。四年后，他来到钢铁大王安德鲁·卡内基的一个建筑公司打工。从进入建筑公司那一天起，齐勃瓦就下定决心，自己一定要成为公司里最优秀的员工。当很多人都在抱怨薪水太低、工作辛苦的时候，齐勃瓦却默默地积累着工作经验，还自学了建筑知识。

有一天，公司的经理到工地检查工作，在视察工人宿舍的时候，无意中发现齐勃瓦床头的书，并且还翻了翻他的笔记，当时，这个经理什么也没说就走了。第二天，经理把齐勃瓦叫到了办公室，问他为什么要学那些东西。

齐勃瓦回答说："因为在我看来，公司缺少的并不是建筑工人，而是有工作经验和专业知识的技术人员与管理者，不知我的想法是否正确？"

经理听完之后只是点了点头，还是没有多说什么。

过了几个月之后，齐勃瓦被破格升任为技师。打工者之中也有人讽刺挖苦齐勃瓦，然而，齐勃瓦却告诉那些人说："我不只是在为老板打工，也不单纯是为了赚钱，我是在为自己的梦想打工。我们应该在工作中不断提升自己，让自己创造的价值远远超过得到的薪水。我认为，只有把自己当作公司的主人，才会有更好的发展。"

在"我是在为自己打工"的观念指导下，齐勃瓦不计较个人的得失，继续努力工作，刻苦钻研，全面掌握了技术知识。如此一来，齐勃瓦一步步地晋升为总工程师。等到他 25 岁时，被任命为这家建筑公司的总经理。

在从事经营管理的过程中，齐勃瓦展现出了超人的管理才能以及工作热情，这些都被卡内基钢铁公司的天才工程师兼合伙人琼斯看在眼里。后来，琼斯任命齐勃瓦为自己的副手，主管全厂的经营。两年之后，琼斯在一次事故中丧生，齐勃瓦便接任了厂长。几年之后，齐勃瓦就被卡内基亲自任命为钢铁公司的董事长。

齐勃瓦的成功故事告诉我们，只要努力就一定能够成为公司老板，并且也证明了我们只要努力，只要付出比别人更多的工作热情，我们的才华一定不会被埋没。当然，前提是我们自己必须把公司当作自己施展才华的舞台，以主人翁的心态去对待工作。

**2.老板的事业就是自己的事业**

具备老板心态的员工，像老板一样热爱公司，以老板的心态去对待工作，将公司的发展和成功当成是自己的事业。

**3.能力比薪酬更重要**

全球著名的银行家克拉斯在年轻的时候也曾接连地变换工作，然而，他始终坚持着一个理想，那就是管理一家大银行。

克拉斯做过交易所的职员、收银员、出纳员、折扣计算员、木料公司的统计员、簿记员、簿记主任，等等，工作试了一个又一个之后，到了最后才慢慢接近了自己的目标。在克拉斯看来："一个人可以通过几条不同的途径到达自己的目的地。如果自己实现理想所需的一切学识和经验能在一个机构里学到自然很好,然而,在通常情况下,我们需要经常变换自己的工作环境。面对这种情况,我认为自己必须明白自己为什么要这样做,最终想要做什么。假如换工作只是为了每周多赚几块钱的话,那么我的未来恐怕早就'牺牲'了……我之所以频频更换工作,完全是因为现在的公司和老板已经无法再让我的能力有所提升了。"

薪水是随着能力的提升不断增长的,如果一直守着薪水而不去学习,不去补充能量的话,薪水也会随着能力的平庸而变得越来越少。

## 只有管理好自己,才能管理好别人

作为一名优秀的员工,就应该具备出色的自我管理能力,一个连自己都管理不好的人,那么是不可能胜任任何职位的。当然,他也根本不可能成为一名好员工。

对于自我管理的问题,诙谐作家杰克森·布朗曾经做过一个非常有趣的比喻:"缺少了自我管理的才华,就好像穿上溜冰鞋的八爪鱼。眼看动作不断可是却搞不清楚到底是往前、往后,还是原地打转。"

如果你有才华的话,工作量也不少,然而却始终无法取得老板的赏识,那么你就很有可能是因为缺乏自我约束的能力。

有一位立下赫赫战功的美国上将,曾去参加一个朋友孩子的洗礼,孩子的母亲请他说几句话,以作为孩子漫长人生征途中的准则。这个时候将军就把自己历经征战苦难最后荣获崇高地位的经历,只归纳成了一句非常简短的话:"教他懂得如何自制!"

事实上,许多人在自己的职业生涯过程当中,都很难在刚开始的时候就具备这种出色的自我管理能力。一般都是在经历了他律、协助性自我管理之后,才得以最终实现了真正意义上的自我管理。

自律能力在完善一个人的个性方面有着巨大的积极作用。某著名哲人说过:"假如说一个人没有自律能力,那么他在工作上的敬业程度就会大打折扣。"

有一家大型企业的人力资源经理曾举过这样一个例子:我们的上班时间通常是 8 点 30 分,有的人 8 点 20 就到了,有的人 8 点 30 到,也有的人 8 点 40 才到。在平时来说,根本看不出这三类人有什么本质的区别。然而在这样关键的时刻,或许就是因为这迟到 10 分钟的习惯而耽误了大事。也就是说,每个人的自律能力的不同就会导致不同的后果。

事实上,当你真正意识到自我管理的重要性的时候,并在工作当中加以实现的时候,必然会发现,自己的生活习惯与工作习惯都已经因此得到一定的提高。不管做什么事,你都会有条理可循,做事稳重,不留后患。同时,在同事与老板眼中,你是一个严格要求自己的优秀员工,一个足以让人放心的人,由此可见,唯有具备良好的自我管理能力,才能够算得上是一名优秀的员工。然而,作为员工的我们应该从哪些方面入手来提高自己的自我管理能力呢?

**1.行为规律化**

虽然保持思维敏锐,控制自己的情绪很重要,但是这还不够,因为唯有真正行动起来才能脱颖而出直达最后的胜利。富兰克林在《我的自传》中将自制当作自己获取成功的 13 种美德之一,认为自己之所以可以取得如此骄人的成就主要获益于"做事有定时,置物有定位"的良好习惯。如果你想要成为一名优秀的员工,就应当像富兰克林那样,让自己学会行为规律化。

**2.控制情绪**

著名作家奥格·曼狄诺曾经说过:"强者与弱者的唯一区别在于,强者用行为控制情绪,而弱者只会任由情绪主宰自己的行为。"

这是多么形象而精辟的总结,事实上,衡量一个人自制力强弱的关键,就在于看他能不能有效地控制自己的情绪。

**3.坚持思考**

如果不开动脑筋,就不可能把事情做好。即便你是个天才,想要做好事情,都必须要勤于思考,然后充分运用自己的才智。假如能够始终让大脑保持活跃状态,经常思考一些富有挑战性的问题,不断探索需要认真对待的事情,那么,无论是谁,都能够培养起有规律的思维习惯,这对于控制你的个人行为将会很有帮助。

高尔夫球高手琼斯的一位前辈告诫他说:"如果你不控制自己的情绪,那么你永远赢不了。"琼斯受到了这句话的影响,在他21岁的时候,便获得了成功,并成为了历史上最伟大的高尔夫球员之一。

**4.学会强化自己的工作习惯**

学会总结一下自己的任务和行为,看一看自己的方向是否都是正确的,每天做些必须做的事,如此才能强化自己的工作习惯。

**5.试着挑战自我**

为了坚定自己的信念与决心,最好选择一项超出自己想象的任务,然后全身心投入其中并完成它。在此过程中,必须要做到思维敏锐,同时控制好自己的情绪,并且使自己的行动规律化。只有这样坚持下去,你才会发现自己能做到的远远超出自己原先所预期的。

# 第二篇

# 追求理想，辉煌人生

无论是对一个公司来讲，还是就个人而言，理想与金钱，并不总是能在一致的阵营里的。在这个时候，我们应该把理想放在利益的前头，抱着追求理想，辉煌人生的态度来做事。大凡那些能够取得长足发展的公司或个人，一般在考虑问题时会更看重未来的发展空间是否有利于愿景或理想的实现，而不是眼前的利益得失。

# 第3章　把着眼点放在理想而不是利益上

在职场上,很多人总是认为上班只是单单的追求工资,没有其他可言。然而他们可曾想到,自己曾经充满理想,准备大干一番的那股干劲早已不见了。面对这些,我们要做到的就是守住自己的理想,把握自己的心态。

## 不要成为薪水的奴隶

诚然,工作的目的是为了获取生存所需的报酬,但是比生存更可贵的是在工作中发挥自己的才干,挖掘自己的潜能,为自己创造价值。工作的薪水,只是发展自我而所额外得到的利润,不该把它当作唯一的目标来对待,不然你就会沦为薪水的奴隶,终日被它欺凌。

有些刚走出校门踌躇满志的年轻人,对自己抱有很高的期望值,认为一开始工作就应该获得丰厚的薪水。他们喜欢互相攀比工资,每月的薪资单成了衡量能力的标准。实际上,由于年轻人刚踏入社会,无论工作经验还是职业经验都比较匮乏,无法委以重任,薪水自然也不可能很高,于是很多人开始满腹怨言。

不要仅仅为了薪水而工作,因为薪水只是工作的一种回报方式。人生的追求除了满足生存需要,还有更高层次的动力驱使,更高层次的精神需求。不要错误地认为自己努力工作就是为了赚钱,人生的目标不应该局限在高薪。不管薪水多寡,工作中尽心尽力、积极进取,能使自己的内心获得安宁,事业成功者与失败者之间的差距往往也在于此。很多成功人士的经验告诉我们这样一个真理:只有经历艰难困苦,才能取得成功,才能获得幸福;没有艰苦奋斗,就没有成功。

要想取得成功,就不能沦为薪水的奴隶,而应该学会主动工作,在没有人监督、要求的情况下,自觉并出色地完成本职所要求的事情。在这个竞争异常激烈的时代,只有主动才能占据优势地位,被动就意味着被淘汰。没有免费的午餐,我们的人生、我们的事业是我们努力争取来的。

在工作中,主动性占据着异常重要的地位。在工作中,只有主动发现问题,并且独立地解决问题,勤于思索、勤于反省,才能更好地把握工作的主动性,也只有这样,你的工作能力才会不断提高,工作业绩也会不断提升;相应地,工作经验也会越来越丰富,也就越来越得心应手地处理各种问题。

只有用心去把握工作,不仅会为公司和老板获取最大化的利益,同样也会为自己既定的事业目标积累雄厚的资本。

吉姆如今是一家大型快递公司的副总经理。几年前他作为一名送货员被这家公司聘用。吉姆并不像其他的送货员那样把包裹送完后就躲在墙角休息,抱怨薪酬太低,相反地,他认真统计了订单信息,并在其他同事休息的时候向他们请教关于电子商务的各项工作。

不久,部门经理注意到了这个勤奋好学的人。之后,吉姆当上了公司的客服人员。此后,吉姆依然勤勤恳恳地工作,他每天早上总是第一个来,晚上最后一个离开。也正是他对公司每个环节的工作都了然于胸,当部门经理不在时,大家就会向他咨询。

有一次,公司遇到客户怀疑包裹中贵重物品遭损坏的质询,吉姆充分发挥个人能力,动之以情,晓之以理,向客户详细讲解公司对此类问题的解决办法，令客户对公司的怀疑在最短的时间内得以解决，公司上下对吉姆聪明睿智、不卑不亢的应变能力颇为欣赏，老板也决定任命这个能干又肯动脑筋的年轻人做自己的助理。

几年之后，经过自己的努力，吉姆成为了公司的副总经理，但他依然特别积极勤恳地工作，从不在背后议论是非，也从不参与任何纷争。他鼓励大家在工作中开动脑筋，学习和运用新知识，他还常常亲自查看订单、回复客户疑问，向大家提出各种行之有效的建议。

每个成功人士都清楚，所有的事情都必须自己去主动争取，并为自己的行为负责。能够保证自己成功的只有你自己。同样，能够阻挠自己成功的也只有你自己。

公司为我们提供了一个实现自我价值的平台。你积极主动地工作，给公司带来了效益，为公司的发展作出了贡献，公司不仅给予你改善生活条件的薪酬，更会给你一展才华和实现自我理想的机会。相反地，如果你敷衍工作，也恰恰敷衍了你自己。

## 薪水的背后是成长

在漫漫的求职与就职生涯当中，随着薪水的不断提高，我们的经验和履历也在渐渐增长，努力和辛勤的背后，换来的便是点滴的成长。不否认，我们需要高额的薪金来更好地生活，但更不能否认在此间自己成长经验的丰富。

世界著名的成功学大师拿破仑·希尔说："假如你付出的服务超出你所得的酬劳，那么很快你获得的酬劳就将超出你所提供的服务。"一个人如果总是为自己最终能拿多少薪酬而大伤脑筋的话，他就无法看到薪酬背后的成长机会，也更不会重视自己在工作中获得的技能和经验。事实上，也正是这些技能和经验而决定了他未来的发展。

一个在一家公司工作了 10 年的老员工,薪水终不见涨。终于有一天,他忍不住内心的不公平,找到老板诉苦。

"你虽然有着 10 年的工作资历, 而充其量只有一年的工作经验。"老板的一句话让他无言应对。这名可怜的员工用他最宝贵的 10 年青春,换取的是 10 年的新员工工资,其他一无所获。

老板对这名员工的评判可能有失公允,但我们也有理由这样认定,这名员工忍受了 10 年的低薪以及郁郁不得志的心态,而没有选择跳槽到别的企业,足以说明他的能力确实也没有获得其他企业的认可。换言之,他的老板对他的评价基本上是中肯的。

多数成功人士的人生并非一帆风顺,他们拥有攀上顶峰的兴奋,更会有跌落谷底的失意,他们在坎坷中奋进,成就了一番事业,活出了精彩人生。原因何在?就是因为在他们身上永远有一种东西在闪光,那就是能力。他们所拥有的各项能力,无论是决策能力、创造能力还是敏锐的洞察力,都不是与生俱来的,也不是一蹴而就的,而是在自己锐意进取的工作中经过长期的学习和积累而来的。我们也可以这样认为,在一个人的事业发展过程中,能力比金钱更加重要。

美国纽约一位百货公司合伙人 A 在回顾自己的成功历程时这样描述:

"刚进公司的时候,我签订了五年的工作合约,合约中规定我的薪水在这五年内保持不变。但我并没有抱怨什么,一定要努力,一定不要满足现状,要让老板知道,我通过自己的努力比公司里任何一个人能力都强,我是公司里最优秀的员工,我在心里这样告诉自己。

很快,大家都注意到了我出色的工作能力。两年以后,我已经在自己的工作岗位上游刃有余,而此时另一家公司私下里和我接触,想高薪聘我做海外采购员,年薪 4000 美元。但我并没有答应,也从未向老板提到过此事。在这五年里,我从未向任何人暗示过要修改或者解除工作协定,尽管那只是当初的一个口头协定。也许很多人认为，我实在是有些愚蠢，白白错过了那么优厚的条件。然而，在五年的合同到期之时，我所在的公司决定给我 15000 美元的年薪，之后，我还成为了该公司的合伙人。"

百货公司的老板们都明白，这位合伙人在这五年中所付出的劳动远比他所获得的薪水高出数倍。薪水背后的成长，却令他成为一个名副其实的获利者。如果他当时这样认为："既然我只领着这些工资，那么我就没有必要去做出更多业绩！"最终的结局肯定会大不相同。其实，这正是当今职场很多年轻人的想法，他们一边以一种愤青的态度对待工作，消极懒惰，毫无敬业精神；一边又怨天尤人，感叹自己生不逢时、怀才不遇。因为公司给的薪水不多就对自己的工作敷衍了事，这也无疑是对自己不负责。正是这种想法和做法，令成千上万的年轻人与成功失之交臂。

对于一个员工，或者说刚入职的员工而言，工作中的学习机会、提升空间，远比薪水重要得多。诚然，工作一方面来讲是为了维持生活，但能力的提高和品格的塑造比维持生活更为重要。相反地，如果一个人仅是为了薪水而工作，那么，我们也许可以说，他终生都将庸庸碌碌。

很多刚入职的员工对于薪水常常缺乏足够深入的认识和理解。其实，薪水只是工作的回报方式之一，对于刚踏入社会的年轻人来讲，更应该珍惜工作本身给予自己的回报。全新的工作能提高我们的才能，与同事的合作能培养我们的团队精神，与客户的交流能提高我们的沟通技巧，艰难的任务能锻炼我们的意志。公司是我们学习知识、提高能力的另一所学校，工作能够增长我们的智慧，提高我们的能力，丰富我们的经验。与在工作中收获的技能与经验相比，微薄的薪水就会显得微不足道了。公司支付给你的是金钱，而工作却是可以让你获得受益终生的能力。

工欲善其事，必先利其器。作为年轻人，应该利用一切工作机会来提高自己，完善自己。如果对自己所负责的工作，不计较薪水厚薄，无论大小都尽力而为，问心无愧，并时刻想着如何更多地回报公司，那么你偏低的薪水绝对只是暂时的。因为你很快就会得到提升，并获得跟你能力相符的回报。

当你付出了价值五千元的劳动，而回报却只有一千元时，不要懊恼不平，这是你潜在价值的最佳广告。而那些工作漫不经心，敷衍了事的人，即使得到了高额的薪酬，也只是暂时的，没有付出，谈何收获？真正能够让你获得成功的方法，不是看你如何用更少的劳动去获得更多的薪水，而是用心去做好自己的本职工作，用心去喜欢你的本职工作。相信你可以让你的老板看到你所付出的劳动与收获的报酬之间的差距，让他为自己所给予的微薄的薪水感到惭愧。假如你的老板没有认识到这些，没关系，其他雇主会注意到的。

## 干一行爱一行，把工作和兴趣结合起来

把工作当成一种乐趣，把乐趣当成一种习惯。即使你的处境再不尽如人意，也不应该厌恶自己的工作，没有比厌恶自己的工作更糟糕的事了。人可以通过工作来学习，通过工作来获取经验、知识和信心。你对工作的激情越多，兴趣越大，工作效率相应也就越高。当你抱有这样的热情时，工作就会变成一种乐趣，更如意的工作也就会自动找上门来。即使环境迫使你不得不做一些单调乏味的工作，你也不应该厌恶，相反，应该想方设法使之充满乐趣。用这种积极的态度投入工作，无论做什么，都很容易取得好成绩。这样，你每天工作的 8 小时，就等于在快乐地享受了 8 小时。

不管你现在的工作是如何卑微，都应当付诸艺术家的精神，都应当有十二分的热忱。如果一个人连自己所做的工作都鄙视、厌恶的话，那么他必遭失败。引导成功者的磁石，不是对工作的鄙视与厌恶，而是真挚、乐观

的精神和百折不挠的毅力。当你有了这样的心态时，你就可以从平庸卑微的境况中解脱出来，不再有劳碌辛苦的感觉，而会有乐享其中的乐趣。

当你在乐趣中工作，如愿以偿的时候，就该爱你所选，不轻言变动。如果你开始觉得压力越来越大，情绪越来越紧张，在工作中感受不到乐趣时，这个时候，我们应告诉自己，是该调整自己的心态的时候了。

一位刚刚毕业的大学生总是抱怨自己的专业不是自己喜欢的，于是他的老板试着向他提出这样一个问题："如果你的专业与你的志趣南辕北辙，那么，当初你为什么要选择它。如果你已经为你的专业付出了四年甚至更久，那么你为什么不试着去喜欢它，爱上它呢？"

抱怨向来是留给逃避者的，勇者的字典里永远没有抱怨二字。

亨利·凯撒——一个公认的成功典范。不仅因为冠以其名字的公司拥有数以亿计的资产，更在于他的慷慨和仁慈。而所有这一切都源于凯撒的母亲在他的心田里所播下的种子生长出来的。

玛丽·凯撒给了她的儿子无价的礼物——教他如何应用人生最伟大的价值。玛丽在工作一天之后，总要花一段时间做义务保姆工作，帮助需要帮助的人们。她常常对儿子说："亨利，我没有什么可留给你的，只有一份无价的礼物：享受工作的欢乐。"

工作不仅是为了满足生存的需要，同时也是实现个人人生价值的需要，一个人总不能无所事事地终老一生，应该试着将自己的爱好与所从事的工作结合起来。无论做什么，都要乐在其中，真心热爱自己所做的事。如果你掌握了这条积极的法则，那么，你的工作将不会显得辛苦和单调。兴趣会使你整个人都充满活力。即使你的工作量增加两三倍，也不会觉得疲劳。

人生最有意义的就是工作，成功者乐于工作，更热衷于从工作中发现乐趣。

# 把握机遇,在挑战中收获惊喜

机遇不是准备给每个人的,它只青睐勇于挑战,乐于追索的勇敢者。很多人虽然不乏学识,但是有个致命弱点:缺乏挑战的勇气。他们不会主动接受"不可能完成"的工作,虽然一身本领,却"无用武之地",而变成职场中谨小慎微的"安全专家"。

如果你具备种种能力,却只愿做异常简单的工作,只防守,而不敢主动发起"进攻",甚至一躲再躲。那么,就会陷入一个只求安稳而不思进取的泥潭中,抱着这种态度工作,一生只能碌碌无为。"职场勇士"与"职场懦夫",有着天壤之别,前者敢于挑战,给人震撼的效果,后者害怕退缩,缺少气势。然而,在现实社会里,到处都是满足现状、谨小慎微、惧怕未知与挑战的人,那种勇于向着"不可能完成"的工作挑战的员工却屈指可数。

在职场中,渴望成功,渴望与老板走得近一些是大多数员工的心声。如果你也同样有这样的心思,那就要在人人都觉得是"不可能完成"的工作面前,勇于挑战。不要让犹豫不决、设想后果花费你太多的时间,不要让"根本不能完成"的念头出现在你的脑海里,更不要让这种念头动摇你的决心。用行动积极争取"职场勇士"的荣誉,主动迎接它并怀着感恩的心!如果你是一位富有挑战力,意志坚定,做事雷厉风行的好员工,那么就让事实说话,让周围的人和老板能够感受得到。只有积极进取、主动工作,才能尽快地在职场中找到自己的位置,以此来获得成功。

当我们在形容一个人有雄心时,这表明他很有抱负。美国某杂志曾提到,美国加利福尼亚大学的心理学家迪安·斯曼特研究发现,从人类的行为来看,"雄心"是一种推动力,当人们拥有"雄心"时,往往能够掘到更多的资源。然而,从某种程度上来讲"雄心",是一个推动力。推动人的潜意识不断创造、不断前进。

我们要善于把"雄心"控制在一个合适的限度之内，充分发挥它积极的一面，避免它消极的一面。

23岁的李芳在一家网络公司做部门经理。一次，公司总经理来她所在的分公司主持会议。为了鼓舞大家的工作热情，总经理希望大家都能当众说出自己的梦想。轮到李芳时，她毫不避讳地说："当上部门经理是我的梦想，我要成为管理者。"总经理对李芳的行为不但没有产生反感，相反却笑着说："不想当将军的兵不是好兵。在我们网络公司，每个员工都要有这样的雄心大略。"经过这次会议后，总经理便将李芳调去某个分区担任经理一职。这种还没有业绩的增长，便获得晋升的事例，在这家网络公司是第一例。

我们通过上述例子可以看出，职场的雄心也是一种自我激励的力量，不要单纯地把"攀登"看成是一件坏事。把握机会，适时地向领导表达自己的雄心，并不断地努力做好工作，对于新人来说可能是快速晋升的好机会。

## 激发自己潜藏的能量

如何激发自己的潜能，几乎是每个人追寻的目标。你的潜力到底有多大，只有在特定情况下才能发掘。适当的压力，不仅是我们发挥潜能的刺激因素，更是让我们挑战自我的最佳助力。

适当的压力不仅能够刺激人的潜意识，一定程度下也能够刺激人的神经，使人感到精力充沛，并能保持较长一段时间。如果压力很好地保持在一定的可控制的范围内，它将激励人在较长的一段时间里做出高质量的工作。

一位名不见经传的年轻人，第一次参加长跑比赛就获得冠军，而且还打破了纪录。当他冲过终点时,许多记者蜂拥而上:"你怎么会取得这样好的成绩?"

年轻人气喘吁吁地回答:"因为,我身后有一匹狼!"听他这么一说,所有人全都惊恐地回头张望,但是,并没有发现什么所谓的狼啊!

这时,年轻人开始道出原委:"三年前,我在一座山林间,训练自己的长跑和耐力。每天凌晨,教练就叫我起床练习;但是,即使我使出全身力气,却也一直都没有进步。"

年轻人这时停下脚步,坐在地上继续说:"有一天清晨,在训练途中,我忽然听见身后传来狼的叫声,刚开始声音还很遥远,可不到几分钟,就已经来到我的身后。当时我吓得不敢回头,只想着逃命要紧。于是,我只有拼命一直往前跑。

'那天我的速度居然突破了以往!'后来我这才知道,原来根本没有狼,那是教练为了训练我而伪装出来的。

那次之后,只要练习时,我都会想象着背后有一只狼正在追赶,包括今天比赛的时候,那匹狼依然在追赶着我!"

再有潜力的人,如果不去激发他,他的潜能也许永远都发掘不了,只感到有一种力量一直在追赶时,潜能才能慢慢爆发出来,这就是所谓的马蝇效应。马蝇效应来源于美国前总统林肯的一段有趣的经历。

1860年大选结束后几个星期,有位叫作巴恩的大银行家看见参议员萨蒙·蔡思从林肯的办公室走出来,就对林肯说:"你不要将此人选入你的内阁。"林肯问:"为什么?"巴恩答:"因为他认为他比你伟大得多。""哦,"林肯说,"你还知道有谁认为自己比我要伟大的?""不知道了。"巴恩说,"不过,你为什么这样问?"林肯回答:"因为我要把他们全都收入我的内阁。"

事实证明,这位银行家的话并不是空穴来风,蔡思的确是个狂态十足的家伙。不过,蔡思也的确是个才华出众的人,林肯十分器重他,任命他为财政部长，并尽量与他减少摩擦。

后来，目睹过蔡思种种行为、并搜集了很多资料的某报主编亨利·雷蒙特拜访林肯的时候，特地告诉他蔡思正在狂热地上蹿下跳，谋求总统职位。林肯以他那特有的幽默神情讲道："雷蒙特，你不是在农村长大的吗？那么你一定知道什么是马蝇了。有一次我和我的兄弟在肯塔基老家的一个农场犁玉米地，我吆马，他扶犁。这匹马很懒，但有一段时间它却在地里跑得飞快。到了地头，我才发现有一只很大的马蝇叮在它身上，于是我就把马蝇打落了。我的兄弟问我为什么要打掉它。我回答说，我不忍心让这匹马那样被咬。我的兄弟说：'哎呀，正是这家伙才使得马跑起来的嘛！'"然后，林肯意味深长地说："如果现在有一只叫'总统欲'的马蝇正叮着蔡思先生，那么只要它能使蔡思不停地跑，我就不想去打落它。"

这个小故事对管理者很有启发性。越是有能力的员工越不好管理，因为他们对利益、权势、财富有很强烈的占有欲。如果不能满足他们，那麻烦就来了。要想让他们安心、卖力地工作，就一定要有能激励他们的东西。这种激励因素不就是那只"马蝇"吗？

国外一家森林公园曾养殖几百只野山羊，尽管环境幽静，水草丰美，又没有天敌，而几年以后，羊群非但没有发展，反而病的病，死的死，竟然出现了负增长。后来他们买回几只狼放置在公园里，在狼的追赶捕食下，羊群只得紧张地奔跑以逃命。这样一来，除了那些老弱病残者被狼捕食外，其他羊的体质日益增强，数量也迅速地增长着。

适度的压力能激发人们的应急潜能，在生存状态拉响危险的警报，从而使人体功能提高警惕，加强某方面的能力以使人的生存状态从警惕区转向安全区。企业的竞争对手就像是一只追赶梅花鹿的狼，它时刻让梅花鹿清楚感受到生存的压力。从而意识到，跑在前面就可能生存下来，跑在后面则可能成了狼的食物。

同样地,压力也可以激发你的创造力,让你在工作中更加出色,并不断得到创新,从而应对更加艰难的挑战。

## 用心看世界的人更容易发现机会

一个人的胸怀有多宽广,他的世界就会有多远大;一个管理者的眼界有多广泛,他的事业就会有多成功。广博的见识,开阔的眼界,能够很有效地拉近自己与成功的距离,使创业之路少走弯路。

调查发现,许多老板的创业思路都有以下几个共同来源。

一、职业。俗话说,不熟不做,由原来所从事的职业下海,对行业的运作规律、技术、管理、人缘、市场都是十分地熟悉,这样的创业活动成功的概率通常很大。这也是最常见的一种创业思路的来源。

二、行路。常言道"读万卷书,行千里路",之所以行路,其实就是看看外界的不同,同样也是开阔眼界的好方法。

调查发现,有两成以上老板们最初的创业想法其实都是来自于他们在国外的旅行、参观、学习。也许会有人问,行路意味着什么,眼界意味着什么?假如你是一个老板,想成就大事人,那么开阔的眼界也就意味着你不仅在创业伊始就可以有一个比别人更好的起步,有时候它甚至可以挽救你和你的企业的命运。事实上眼界的作用,不光是表现在老板们的创业之初,这样的作用更深入地贯穿于创业者的整个创业历程。"一个人的心胸有多广,他的世界就会有多大。"

三、阅读。这其中就包括阅读书籍、报纸、杂志等。比亚迪总裁王传福的创业灵感其实就是来自一份《国际电池行业动态》。1993年的一天,王传福在一份《国际电池行业动态》上读到,日本宣布本土将不再生产镍镉电池,王传福立刻意识到自己创业的机会来了。果然就在随后的几年,王传福利用日本企业撤出留下的市场空隙,再加上自己原先在电池行业经营多年的技术和人脉基础，把事业做得风生水起。又比如财富英雄郑永刚，据说将企业做起来后，已经不太过问企业的事情，每天大多数的时间都花在读书、看报，思考企业战略上面。很多的人都将读书与休息等同，对创业者而言，阅读就是工作，是工作的重要一部分，你如果想要成功，这样的意识也是必不可少的。

四、交友。很多老板最初的创业主意都是在朋友启发之下产生的，或者有时就是由朋友直接提出的。因此，这些人在创业成功后，都会更加积极地保持与从前的朋友的联系，并且不断地拓展自己的社交圈子。

这四大创业主意的来源，也是四种开阔眼界的有效方法。如果你想成为运筹帷幄的成功者，一定要到处多走一走，多和朋友聊一聊，多阅读、多观察、多思考。"机遇只垂青有准备之人"，让自己"眼界大开"才是最好的准备。

# 第4章　理想有多高,动力就有多大

> 我们总是对自己的现状很不满,总是怨天尤人,对工作和生活没有一点动力。朋友,我们可以扪心自问一下,我还有理想吗?我还能为之奋斗吗?如果你依然有动力,只是你暂时忘记了自己的理想,那还在等什么,重新树立你的理想,让理想之花再次绽开。理想有多高,你的动力就有多大。

## 站得高才能看得远

职场复杂、富有变化,这种情境对于智慧和勇气来讲无疑都是极大的挑战。在变幻莫测的职场中,仅有勇气是远远不够的,远见的眼光也是必不可少的,只有站得高才能看得更远。

刘梅是一家房地产开发公司的员工。一次在和朋友聚会时,很偶然得知当地政府要在市郊划出一块地皮,用来建经济适用房。得知这一消息后,刘梅立即汇总各方信息来求证其可靠性,并且开始着手准备一些前期资料。在她看来如果这个消息是真实的,那么一旦公布,政府就会公开招标,到时必然会有很多开发商去投标。如果能提前准备,会为自己的公司成功中标奠定更好的基础。

一些同事听闻后很是不解:"你这不是自讨苦吃吗?老板可没吩咐,干吗做这些事呢?再说,倘若这个消息是假的,你岂不是白忙一场?"

"如果是真的呢,那么我现在的努力不就变得非常有价值了吗?公司为我们提供这么好的工作机会,就要怀着感恩的心去工作,主动为公司争取利益啊!"刘梅坚定地回答道。

两个月后,这个消息得到了证实。其他几家有实力的房地产开发公司这才忙着准备投标的事,刘梅所在的公司也不例外。就在经理紧急召集中高层管理人员开会,准备商讨竞标工作时,刘梅拿着厚厚的一摞资料敲开了会议室的门。

"你不是财务部的小刘吗?"总裁看到那一摞资料,高兴之余更显意外。

"是的。"

"那你怎么会做这些资料?"

"因为之前听到了相关消息,我认为主动并提前去做这些,可能会给公司带来帮助。这样在竞争对手还在忙着收集资料时,我们就可以动手做后续的事情了,就抢占了先机。"刘梅刚说完,会议室便响起了热烈的掌声。这掌声是对她主动自发工作的肯定,也是公司领导对刘梅的认同。

经过前期的准备和后期的努力,刘梅所在的公司果然一举中标。在庆功会上,刘梅被邀请与总裁碰杯表示庆贺和感谢,同时,总裁正式宣布刘梅任职财务总监。

现实中,初入职场的人往往由于信念不足而过度服从,这就使得工作缺乏主动性。慢慢养成了按部就班的习惯,上司说什么就做什么,说一次做一下。殊不知,企业不是普通的学校,不光是让你学习,更需要你快速成长并发挥能量。所以,职场新人不能只是缩手缩脚,瞻前顾后,应该放眼未来,主动把握大局,从学生到一个优秀的职场人,这是完成角色转变必不可少的条件之一。

# 热情让一切皆有可能

热情就如同生命。凭借热情，我们可以释放出潜在的巨大能量，形成一种坚强的个性；凭借热情，我们可以把枯燥乏味的工作变得生动有趣，使自己充满活力；凭借热情，我们还可以感染周围的同事，得到他们的认同，拥有良好的人际关系；凭借热情，我们更可以获得老板的提拔和重用，赢得宝贵的成长和发展的良机。

一个对自己工作充满热情的人，无论在什么地方从事何种职业，他都会认为自己所从事的工作是世界上最神圣、最崇高的一项职业；无论工作的困难多大，或是质量要求多高，他都会充满热情，饱含希望地完成它。

橄榄球星乔治·伊文斯只有半只脚，右手畸形，在外人看来，乔治什么也做不了。但他就是凭借这半只脚实现了自己的橄榄球梦想。

因为喜欢橄榄球，乔治从很小的时候就开始刻苦训练，但当他想得到一份球队合同的时候，教练却跟他说："你先天不足，还是做些别的事吧。"现实中，他已经不止一次经受过这样的打击。但乔治并没有被击退，仍充满激情地热爱着橄榄球。终于，新奥尔良圣徒队接受了他，给了他一次上场的机会，而他也在千钧一发的时刻帮助球队反败为胜。在场的 7 万多观众疯狂地呐喊，他们高呼着："乔治好样的！乔治好样的！"而那个一直不被人看好的乔治也已经热泪盈眶，是他的热情和不懈努力帮他获得了成功。

诚然，并不是所有人都像乔治那样拥有生活的热情，正如爱默生所说："一个人，当他全身心地投入到自己的工作之中，并取得成绩时，他将是快乐而放松的。如果情况相反，他的生活则平凡无奇，有可能还不得安宁。"

人一旦有热情就会受到鼓舞，鼓舞为热情提供能量，工作也会因此充满乐趣。即使工作有些乏味，只要善于从中寻找到乐趣和意义，热情也会应运而生。这时候，他的自发性、创造性、专注精神就会一一显现出来。

雅诗·兰黛这位当代"化妆品工业皇后"白手起家，凭着自己的聪颖和对工作和事业的高度热情，成为世界著名的市场推销奇才。由她一手创办的雅诗·兰黛化妆品公司，首创了卖化妆品赠礼品的推销方式，使得公司脱颖而出，走在了同行的前列。她之所以能创造出如此辉煌的事业，与她对工作和事业充满高度的热情是分不开的。在 80 岁前，她每天都斗志昂扬、精神抖擞地工作 10 多个小时，其对工作的态度和旺盛的精力着实令人惊讶。今天的兰黛名义上已经退休了，但她依旧会每天精神抖擞地周旋于名门贵户之间，替自己的公司作无形的宣传。

大人物对使命的热情可以谱写历史，普通人对工作的热情则可以改变自己的人生。

许多人对自己的工作一直未能产生足够的激情与动力，主要原因就在于他根本不知道自己工作的真实意义和目的何在。其实，能拥有工作是幸福的。美国汽车大王亨利·福特曾说："工作是你可以依靠的东西，是个可以终生信赖且永远不会背弃你的朋友。"热爱自己的工作，充满激情去做好它并不需要什么理由。

由最初刚接触工作，到对工作产生热情，是一个循序渐进的过程。当一个人真正具有了热情，你可以发觉他目光闪烁，反应敏捷，性格活泼，浑身都有感染力。这种神奇的力量使他以与以往截然不同的态度对待别人、对待工作。

没有任何一个伙伴愿意与一个整天无精打采的人打交道，也没有任何一家公司的老总会提拔一个在工作中委靡不振的员工。

IBM 公司的人力资源部部长曾对记者说："从人力资源的角度而言，我们希望招到的员工都是一些对工作充满激情的人，这种人尽管对行业涉猎不深，年纪也不大，但是，一旦投入工作，所有的难题也就不能称之为难题，工作的热情激发了他们身上的每一个钻研细胞。他周围的同事也会受到他的感染,更加努力,有效率地工作。"

一个没有热情的人只会机械式地工作,木讷地完成本职的工作,创造性的业绩终日与他绝缘。倘若你失去了热情,就永远也不可能在职场中立足和成长,永远不会拥有成功的事业与充实的人生。所以,还犹豫什么,从现在开始,对你的生活和工作倾注全部的热情吧!

## 积极的态度有助于成功

道格拉斯·麦克阿瑟说过:"有信仰就年轻,疑惑就年老;有自信就年轻,畏惧就年老;有希望就年轻,绝望就年老。岁月刻蚀的不过是你的皮肤,但如果失去了热忱,你的灵魂就不再年轻。"青年人整天怨天尤人是无济于事的,只有养成乐观的个性,笑对一切困难并战胜它们,才是走向成功的正确道路。当你处于绝望的边缘时,冷静地坐下来,拿起你的笔,把悲伤和痛苦的原因都列出来。

但同时,在这个清单上也要列出你可能获得的幸福,不要遗漏任何的幸福源泉,比如你强壮的体格和健康的身体、你的财产、你的朋友和家人、你的成就、生活的前景、合理的期待,也不要忘记你对他人的义务以及承担这些义务给你带来的坦然舒心。然后,你再对比两边所列的项目,进行权衡。你会发现,你的幸福要远远大于痛苦,这样,你就没有理由总是让自己处在悲伤、痛苦的阴影中。

不要和那些总是不满、总是抱怨生活的人待在一起。莎士比亚说:"善说笑话的人,往往有先见之明,心里最好常保快乐,如此就能防止百害,延长寿命。"

荷马·克罗伊是一位畅销书作家。以前他写作的时候,常常被纽约公寓的热水灯的响声吵得快要发疯。蒸汽引得热水灯砰砰作响,然后又是一阵刺刺的声音——而他会坐在他的书桌前气得直叫。

有一次他和几个朋友一起出去宿营,当他听到木柴烧得很响时,突然想到:这些声音多像热水灯的响声,为什么我会喜欢这个声音,而讨厌那个声音呢?荷马回到家以后,跟自己说:"火堆里木头的爆裂声,是一种很好的声音,热水灯的声音也差不多,我该埋头大睡,不去理会这些噪声。"他果然做到了,头几天还会注意热水灯的声音,可是不久就把它们整个忘了。

安德烈·摩瑞斯在某杂志里说:"我们常常被一些小事情、一些应该不屑一顾并忘了的小事情弄得非常心烦……我们活在这个世上只有短短的几十年,而我们浪费了很多不可能再补回来的时间,去愁一些很快就会被所有人遗忘的小事。不要这样,让我们把我们的生活只用在值得做的行动和感觉上,去运用伟大的思维,去经历真正的感情,去做该做的事情。因为生命太短促了,不该再顾及那些无谓的小事。"

自寻烦恼的人很多,特别是很多年轻人对个人名利过于苛求,得不到便满腹怨言;有的人性情多疑,老是无端地猜疑别人在背后说他的坏话,常常感到莫名其妙地烦恼;有的人忌妒心重,看到别人的成就与事业超过自己,心里就不舒服。最为典型的自寻烦恼是把别人的问题揽到自己身上,这无异于引火烧身。

聪明的人虽处在一些烦恼的环境中,自己却能够寻找快乐。烦恼本身是一种对已成事实的盲目的、无用的怨恨和抱憾,除了给自己的心灵以一种自我折磨外,没有任何的意义。为了不让烦恼缠身,最有效的方法是正视事实,摒弃那些引起你烦恼和不安的杂念。世界上不存在你完全满意的工作和生活,不要为寻找尽善尽美的道路而反复挣扎。

实际上,并不是所有在生活中遭受磨难的人,在精神上都会烦恼不堪。很多人会对生活的磨难、不幸的遭遇付之一笑。倒是那些平时生活安逸、轻松舒适的人,稍微遇到不如意的事情,便会大惊小怪,怨天尤人。这说明,情绪上的烦恼与生活中的不幸并没有必然的联系。

生活中常碰到的一些不如意的事情，这仅仅是引起烦恼的外部原因之一，烦恼情绪的真正根源,应当从烦恼者的自身去寻找。大部分终日烦恼的人,并不是遭到了多大的个人不幸,而是在自己的内心把遭遇无限地扩大化了。因此,当一个人受到烦恼情绪袭扰的时候,就应当问一问自己为什么会烦恼,从自身找一找烦恼的原因,学会从心理上去缓解压力,适应变化的环境。不管你生活中有哪些不幸和挫折,你都应以愉悦的态度,微笑着对待生活。而想要做到这点,就要遵循几条原则:

(1)对未来要充满希望。有时,人们变得焦躁不安是由于碰到了自己所无法控制的局面。此时,你应承认现实,然后设法创造条件,使之向着有利的方向转化。

(2)放弃不切实际的盲目幻想。做事情总要按实际情况循序渐进,不要总想一口吃个胖子。为金钱、权力、荣誉而奋斗,获得的越多,你的欲望也就会越大,这是一种无止境的恶性循环。因此,你应在怀着远大抱负和理想的同时,随时树立短期目标,一步步地实现你的理想。

(3)对现状要充满幸福感。有些想不开的人,在烦恼袭来时,总觉得自己是天底下最不幸的人,自尊心会受到打击。其实,事情并不完全是这样,也许你在某方面是不幸的,但在其他方面依然是幸运的。

总之,遭遇是一把双刃剑,学会微笑,保持积极的心态,不仅仅是为了心情的愉悦,更是为了对生活的热爱和美好未来的无限向往,拥有这种热情,你的人生才会更精彩。

# 永远抱着阳光的心态

乔纳森·威廉斯说:"有时候,阻碍我们成功的主要障碍,不是我们能力的大小,而是我们的心态。"

生活就是生活,它像泥土一样真实而粗糙,如果对它抱有不切实际的幻想,难免就会失望。像自然界有风雨阴晴一样,生活也不会总是一帆风顺的。也许是生活的压力太大,有些人说:"活着,真累。"也许是遇到不顺心的事太多,有些人说:"活着,真烦。"也许是对柴米油盐的平静生活产生厌倦,有些人说:"活着,真没劲。"如果你有诸如此类的想法,可能就会彷徨悲观。生活远没有我们想象的那么简单,更多时候生活充满着戏剧性,总是以一种螺旋状出现在你的内心里,你怎么可能指望它天天都如狂欢节一般呢?

把眼光放远,再放远,生活和工作才会有生机。你要善于发现光明的一面。正同一枚硬币有两面一样,人生也有正面和背面。光明、希望、愉快、幸福……这是人生的正面;黑暗、绝望、忧愁、不幸……这是人生的背面。乐观的人总是能看到事物光明的一面,对阴暗的一面总能一笑而过;而消极的人总被困在阴暗的那一面,无法自拔。

有一位银行家,在 51 岁的时候,财富高达数百万美元,在 52 岁的时候,他失去了所有的财富,而且背上了一大堆债务。面临巨大打击,他没有颓废也没有悲观失望,而是决定要东山再起。不久,他又积累了巨额的财富。当他还清最后 300 个债务人的欠款后,这位金融家实现了他那伟大的希望。有人问他,他的第二笔财富是怎样积累起来的。他回答说:"这很简单,因为我从来没有改变从父母身上继承下来的积极乐观的个性。从我早期谋生开始,我就认为要以充满希望的一面来看待万事万物,从来不在阴影的笼罩下生活。我总是有理由让自己相信,实际的情况要远比设想和非议的情况要好得多。我相信,我们的社会到处都是财富,只要去工作就一定会发现财富、获得财富。这就是我成功的秘密,所以,请记住:凡事都要看到阳光灿烂的一面。"

要想赢得人生,就不能总把目光停留在那些消极的东西上,那除了会使你沮丧、自卑、徒增烦恼,影响你的身心健康外,再不会有什么作用。最终你也会被这些消极打败。

一个人生活在世上,要敢于"放开眼",不要"皱眉"。你选择正面,你就能乐观自信地舒展眉头,迎接一切。选择背面,你就只能是眉头紧锁,郁郁寡欢,最终成为人生的失败者。悲观失望的人在挫折面前,会陷入不能自拔的困境;乐观向上的人即使在绝境之中,也能看到一线生机,最后置之死地而后生。

这个世界应该更加光明、更加美好,如果人们懂得保持快乐是他们乐趣的源泉,懂得开开心心地完成自己的职责也是他们生活的意义,那么,这个世界就会美妙多了。我们都有这样的感受:快乐开心的人在我们的记忆里会留存更长的时间。因为我们更愿意留下快乐的而不是悲伤的记忆,每当我们回想起那些勇敢且愉快的人们时,我们总能感受到一种柔和的亲切感和向上的感召力。

诗人胡德说:"即使到了我生命的最后一天,我也要像太阳一样,总是面对着事物光明的一面。"到处都有明媚宜人的阳光,勇敢的人一路纵情歌唱。即使在乌云的笼罩之下,他也会充满对美好未来的期待,跳动的心灵一刻都不曾沮丧悲观;不管他从事什么行业,他都会觉得工作很重要、很有意义;即使他穿的衣服褴褛不堪,也无碍于他的尊严;他不仅自己感到快乐,也能给别人带来快乐。

拥有阳光心态,看到光明的一面,这就是我们应该给予生活和工作的态度,只有这样,生活才会回馈给我们同样的美好。当我们遭遇挫折时,不要自怨自艾,不要悲观失望,用你的阳光心态和希望去度过它。要坚信,挫折总是偶然的,光明才是时刻存在的。

## 热爱工作能创造奇迹

如果你问一个人："你是否热爱自己的工作?"那么他十之八九会给你模糊的否定答案。他们除了对现有工作感到枯燥外再没有激情。事实上,也许就是因为这个原因,跳槽成了职场中人最为热衷的选择。

究其原因,大多数人仅仅把工作当成谋生的手段,而不是倾注一生热情的事业。他们每天虽然朝九晚五,按时上下班,却没有明确的奋斗目标。

工作激情来自于个人对本职工作的热爱,只有热爱才能把工作做到极致。人总是希望从事自己喜爱的工作,而在现实中,更多的人把工作看成是一种负担,应付差事;只有少数人才把工作看作是一种乐趣。一个企业中,每个员工都是企业形象的代言人,明白自己形象重要性的员工,其自身形象就是企业效益的源泉,风险的防范,无声的宣传。员工的行为举止直接影响着企业的发展,嘴上说一百个热爱工作,不如一次真正的行动。所以,作为一名员工,必须具有使命感、责任感、道德感和危机感,才能在工作中得到乐趣,收获成功。

一个有较高职业素养的人,他心中有一份神圣的职责,有一种积极向上的工作态度,有一个明确的人生奋斗目标,所以,无论何时何地,做什么工作,都会倍加珍惜,兢兢业业地工作,并且在工作中会觉得轻松、愉快、自豪,每天都会以饱满的热情投入崭新工作中,将工作看成自己施展才华的舞台,在平凡的岗位上默默无闻地散发出自己的能量。

比尔·盖茨说:"你可以不喜欢你的工作,但你必须热爱它。只要坚持付出你的热情,再平凡的工作也会有卓越的成就。"如果一个人不懂得热爱自己的工作,那他注定难成大器。一个真正热爱自己工作的人,会有意想不到的收获,同样也会有意想不到的成功。

假如一个人做什么都敷衍塞责,不求甚解,在团队中"滥竽充数",那么不但同事和上司不会喜欢他,他自己也会厌恶自己。反过来,一个热爱工作的人,情况会截然相反,因为他对工作的热爱和执著会使他成为专家,也势必会感染同事和老板。

在一家知名上市企业的工厂里,有一个很特别的车间,这个车间的工人个个都无精打采。原来,这个车间的工作是整个工厂中最脏最累的,每个被分配到车间的人,都认为自己很倒霉才会被分到这里。所以,他们的工作效率也就可想而知了。

有一天,公司总裁突然到这个车间来暗访,对这里的状况很不满意。

总裁正准备离开,却发现一个小伙子显得异常快乐,他充满活力,不时地招呼他人,看得出他很享受现在。

"年轻人,你为什么这么快乐?"总裁不解地问他。

小伙子一边忙碌着,一边头也不抬地回答道:"因为我热爱这份工作!"

总裁很受感动,因为他深知,那些自认为自己倒霉的人,绝不会热爱这份工作的。

对工作充满热爱是一种信念,这个小伙子正是怀着这种信念为自己的理想而奋斗。现实中更重要的是,我们劳动的最高报酬并不仅仅在于我们获得了多少报酬,而在于我们从中学到了什么。那些头脑灵活的人努力劳作绝不是仅仅为了赚钱,使他们充满活力、积极工作的是比金钱更为高尚的信念——他们在从事一项迷人的事业。这项事业必将结出丰硕的果实。

# 第5章 忠于自己的理想,永不放弃

从学生时代走到职场时代,很多人都已经忘记或放弃了自己的理想,只是机械地工作,没有动力和活力可言。朋友们,不管你的处境有多艰难,也不管你将从事什么工作,请忠于自己的理想,那是你的精神支柱,要永不放弃。

## 世界从来都给无畏的人让路

"合理的要求是训练,不合理的要求是磨炼。"再苛刻的训练和要求,在勇者眼里都是小菜一碟,他们有着无畏的信念,面对诸如此类的困难,他们也总能轻易的克服。

在培养勇气方面,美国著名的西点军校有它独特的方法:教官会故意加重学员的焦虑。没有恐惧,勇气是培养不出来的。如果你不能忍受而选择逃避或是放弃,你就是一个逃兵,一个胆小鬼,你就只能离开。因为西点需要勇者和荣誉,不需要逃兵,世界从来都只给无畏的人让路。

地位、声望、财富、鲜花……这些美好的东西向来都是给富有勇气的人准备的。一个内心被恐惧控制的人是无法成功的,因为他总是胆怯地逃避困难,回避锋芒,自然也就与成功无缘。胆怯、逃避是毫无用处的,只有直面恐惧,才能战胜恐惧。

恐惧有时候就像是一道虚掩着的门,其实你没有必要害怕。它并没有你想象中那样难以开启。很多人都会对"不可能"产生一种恐惧，绝不敢越雷池半步。因为太难，所以畏难；因为畏难，所以不敢尝试，不但自己不敢去尝试，认为别人也做不到。事实上并非如此。

20世纪60年代，一位学生到剑桥大学主修心理学。他经常有意识地到学校的咖啡厅或茶座听一些成功人士的聊天。这些成功人士包括诺贝尔奖获得者、学术权威人士和一些创造了经济界神话的人。这些人幽默风趣，举重若轻，把自己的成功都看得非常淡然。时间长了，他慢慢发现自己被一些成功人士给欺骗了。那些人为了让正在追求成功的人知难而退，习惯性地把失败夸大，把成功的艰辛夸大，他们故意用自己成功的经历吓唬那些还没有成功的人。而这种现象当时在世界各地都是普遍存在的，但是在此之前并没有人大胆地提出来并加以研究。

于是，经过5年的潜心研究，他把《成功并不像你想象的那么难》作为毕业论文，这篇论文交到了现代经济心理学的创始人威尔·布雷登教授手里之后，让这位教授大为惊喜，教授把这篇论文发给他的剑桥校友并在信中说："我不敢说这篇论文对你有多大的帮助，但我敢肯定它比你的任何一个政令都能产生轰动。"

在追求成功的道路中，内心的恐惧常常无形中会对你说："你绝对办不到。"消除恐惧的办法只有一个，那就是勇往直前。假如对某个事物心怀恐惧，更应强迫自己去面对它，以后碰上更难的问题时，你就不会再有类似的恐惧心理了。

勇气对于职场中的每一个人来说都是必不可少的，职场和生活当中机会无处不在，只缺乏不怕挑战、勇于"亮剑"的员工。在职场中，只有勇敢地亮出你自己，用自己的意志和智慧面对工作中的一切困难和阻碍，才能一次次战胜怯懦，走向成功。

很多时候，成功就像翻山越岭，虽然这途中也许充满了艰辛和困苦，但是只要你心有无畏的想法，最后就能通向山顶。而失败的原因，不是因为智商的低下，也不是因为力量的薄弱，而是威慑于环境，被周围的声势所击退，或者是被黎明即将来临之前的那段黑暗所吓倒。成功，并不像传说中的那么困难。很多时候，并不是因为事情难我们不敢做，而是因为我们被传说中的假想敌给无形压垮了，还没开始做就因为畏惧而后撤了。

很多东西，你越是觉得它难，它越是像座大山似的那样把你活活压垮。相反，你不把它放在眼里，也许早已轻舟已过万重山了。

## 100%的成功等于100%的意愿

无论黑夜多么漫长，朝阳总会冉冉升起；无论风雪怎样肆虐，春风终会缓缓吹拂。当挫折接连不断，当失败如影随形，当命运之门一扇接一扇地关闭，永远也不要怀疑：总有一扇窗会为你打开。这种信念是我们坚持下去的动力，也是我们成功的必备条件。

成功并不是想当然，并不会天上掉馅饼，固然有免费的午餐，但是吃起来也未必好吃。100%的成功等于100%的意愿，普通人忽视的事情，如果当事人能从潜意识里去重视，相信自己可以从中汲取到力量，那么这种信念就能引导他走向成功。

拿破仑说过："不想当将军的士兵不是好士兵。"要成功，你必须要有强烈的成功欲望，就像一个溺水的人有强烈的求生欲望，一个优秀的足球前锋有强烈的射门意识一样。

美国著名的田径选手卡尔·刘易斯在1984年洛杉矶奥运会开幕前就向新闻媒介透露，他立志要夺得4枚金牌并打破欧文斯数年前创造的"神话"。他最终如愿以偿。所以，拥有一个良好的心态，寻求心理上的动力，很重要的一点就是要始终保持一个成功者的心态，设定自己是个成功的人物。这样，你就会发挥极大的热情和充满着自信去面对前进道路上遇到的种种艰难险阻。虽然你还未成功,但这种自我造就的心理成就感会促使你一步步走向成功。

成功的秘诀就是,当你渴望成功的欲望就像你需要空气那样强烈的时候,你就会成功。谁拥有了自信,谁就成功了一半。对于成功者来说,他们不是想要成功,而是一定要成功。当一个人决定一定要怎样的时候,他的潜能才可以真正被激发出来。

1492 年 2 月,当哥伦布争取西班牙国王斐迪南和王后伊萨帆拉支持的努力失败后,他骑着骡子,失望地离开了爱尔罕布拉宫。他此时此刻看上去头发花白,精神也十分委靡,脑袋耷拉着,几乎碰到了骡子的背上。他从幼年开始就有一个想法,认为地球是个球体。当时,人们在葡萄牙海滨发现了两具尸体,从人体特征上判断,他们和欧洲大陆的人种都不一样。哥伦布相信,这些尸体就是从遥远的西部一些还不为欧洲人所知的岛屿上漂流过来的。他曾经指望葡萄牙国王能够资助他进行海上航行去发现那些未知的岛屿。然而,葡萄牙国王约翰二世一方面假惺惺地答应帮助他,另一方面却暗地里派出了自己的考察队。

在经历了这次失败之后,哥伦布四处乞讨,靠给别人画各种图表为生。他的妻子离他而去,他的朋友也都把他当成疯子,对他不闻不问。斐迪南和伊萨帆拉夫妇身边的智囊人物,也对他所谓的往西航行就可以到达东方的理论嗤之以鼻。只有哥伦布对自己的信念坚定不移,坚持不懈。

"既然太阳、月亮都是圆的,为什么地球不能是圆的?""太阳、月亮又是靠什么来支撑的呢?"哥伦布总是充满着疑问。而在当时,他同样也被世人所疑问。"如果一个人头朝上,脚朝下,就像天花板上的苍蝇一样,你觉得这可能吗?"一位博士质疑哥伦布,"树根如果生在上边,它可能生长吗?"

"如果地球是圆的,那么池塘里的水也都会流出来,我们也就站不起来了。"另一位哲学家补充道哥伦布对他们不再抱任何希望,但是他并没有就此放弃,就在他转念想去为查理七世效力的时候,事情出现了转机。伊萨帆拉王后的一个朋友对王后说:"万一哥伦布的说法是对的,那么,只要一笔很小的花费,就可以大大地抬高她统治的声望。"伊萨帆拉觉得有道理,经过一系列挫折后筹齐了哥伦布的经费。

就这样,哥伦布转过了身,同时世界也转了个身。可是,他的航行并没有就此一帆风顺,没有一个水手愿意和他一起出海,幸好国王和王后用强制手段下了命令,让他们必须去。就这样,一次伟大的航行开始了,他们乘坐"平塔"号帆船出了海。但是旅途中却总是充满了艰难险阻。他们的船很小,比平常的帆船大不了多少,刚起程 3 天,船舵就断了。水手们内心都有一种不祥之兆,一时情绪非常低落。哥伦布就向他们描述了一番他所知道的印度的景象,描述了一番那儿遍地的金银珠宝,就这样才让水手们的情绪稍稍稳定了下来。船驶过加那利群岛以西 200 英里后,他们的磁针也出现了问题。水手们说什么也不肯再往前走,一场叛乱迫在眉睫。这时候哥伦布又向他们解释,说北极星实际并不在正北方,总算再次说服了他们。当船航行到距离出发地 2300 英里远的时候,他们发现了有樱桃木在水面上漂流,船周围时常有一些陆上的鸟类飞过。就这样他们找到了新大陆,在 12 月 12 日这天,哥伦布把西班牙王国的旗帜插在了新大陆上。

# 有坚定的信念才有胜利的结果

信念,是一种内心的力量,它像灯塔一样指引着你向前行进,支撑着你把0.1%的希望变成100%的现实。信念,就是在绝望的黑暗中相信那仅存的0.1%的光亮。

王岚在美国旧金山市开了一家超市,年营业额有5000多万美元。出到美国时,王岚生活异常困难,条件简陋,语言不通,没有朋友。面对陌生的国度、陌生的文化,王岚从未觉得困难不可战胜。

为了未来的美好生活,王岚在当地华侨的帮助下,找到了3份工作,超市夜班员工、送报、酒店刷碗。王岚每天睡觉的时间缩短到4个小时,靠着这种战胜困难的信念和巨大能量,王岚在3年后和朋友开了一家小超市,随着时间的推移,这家超市慢慢在旧金山发展开来,并且有了自己的连锁店。

2010年,王岚经营的3家超市年营业额高达5000多万美元,这无疑是对王岚的一种肯定,更是对王岚坚定信念的一种肯定。

是的,只要抱着必胜的信念,只要不被自己击败,那还有什么能够击败你呢?也许,每个人都曾或多或少产生过绝望的念头。但是,有成功信念的人是永远不会堕落的,因为他的脚下踩着坚硬的岩石,不会退缩。即使再艰难的环境,他们也能迸发出耀眼的光芒。因为他们在困境里为自己建了一个开满鲜花的温室,在最绝望的时候仍然保持乐观的信念,从未放弃过对美丽人生的执著追求。

《肖申克的救赎》为我们讲述了这样一个故事:

1947年,银行家安迪被指控枪杀了妻子及其情人,被判无期徒刑,这意味着他将在肖申克监狱中度过余生。

然而,面对着监狱的黑暗与残暴,他也没有放弃过对自由的向往,因为他知道自己是清白的,他不属于这里。他心中一直都存在一种回归自由的强烈信念!

在监狱里,他认识了因谋杀罪被判终身监禁的瑞德,瑞德答应了安迪的要求,帮他弄到了一把岩石锤,让他雕刻石头来消磨监狱里的时光。后来,安迪从一个新囚犯那里得知自己有望洗刷冤屈,于是向典狱长提出要求重新审理此案,却没想到典狱长为阻止安迪获释而不惜设计害死知情人。面对残酷的现实,安迪决定采取行动。原来精通地质的安迪早就发现牢狱的墙很易挖掘,于是借用明星海报的掩饰,整整 20 年,他在每天晚上固定的时间靠那把小小的岩石锤挖出了一条逃生隧道……20 年的光阴,能够一如既往地坚持下去,绝非易事,就是这种争取自由和幸福的信念支撑着安迪在一个四面高墙、充满黑暗和绝望的恶劣环境中坚持了下来。

最后在一个风雨交加的夜晚,安迪爬过 500 码的下水道,逃出监狱。获得自由的安迪揭发了典狱长的恶行,并且利用典狱长贪污受贿的钱买了座小岛。

在最易被磨灭希望的监狱里,安迪用各种方式提醒自己和身边的人们——这世上还有不用高墙铁栏围起的地方,只有内心有坚定信念的人,经过不懈地努力才能到达!片中瑞德说了这么一句旁白:"有一种鸟儿是永远也关不住的,因为它的每片羽翼上都沾满了自由的光辉!"信念的力量是如此之强,当安迪爬出下水道重获自由的那一刻,就是他重生的那一刻。

每个人都是凤凰,不要想当然地认为命运会一帆风顺,只有经过命运烈火的煎熬和痛苦的考验,才能浴火重生,才能在涅槃后达到升华。只有心中充满了胜利的希望,才不会被任何世俗偏见、艰难困苦所打倒。

每一个人都好似一只蝴蝶,也许只有经历了暗无天日的绝望时光才能最终破茧而出。心中的强大信念,是陪伴我们度过那些最艰难时光的温暖光亮。

# 观念决定命运,成败只在一念间

这是一个古老但经久不衰的话题:是什么决定了一个人的命运?是知识、能力还是素质,或者其他?也许这句话能带给我们一些启示:"知识不如能力,能力不如素质,素质不如观念。"其实,说到底,是观念在主宰着命运。观念,是一个人的心灵模式。观念决定着一个人的思维方式、情感方式和行为方式,有什么样的观念,就会有什么样的行为,有什么样的行为,就有什么样的命运。某种意义上可以说,观念是人生最核心的要素。

两个刚毕业的大学生,入职同一家公司。由于缺乏工作经验,两人在开始时并不顺利,还经常受到公司老员工的排挤,都很郁闷。一天,两个人相约来看望老师,希望得到指点。在分别陈述了自己的不满之后,两人问老师:"您说,我们是否该辞掉工作?"老师闭着眼睛,吐出五个字:"不过一碗饭。"

几天后,两个人做出了不同的决定。一个选择了跳槽,一个选择了留下。十年之后,两个年轻人都成为各自公司的骨干。当两个人再次相遇的时候,不由得谈论起当年的事情。选择了跳槽的人说:"老师的话我一听就懂了:不过一碗饭嘛,有什么可犹豫的呢,所以我选择了辞职。你当初为什么没有听老师的话呢?"

另一个人则回答:"不过一碗饭,意思就是为了混碗饭吃,少赌点气就成了。难道不是这个意思吗?"

两人都觉得自己有理,于是就再次一起去拜望老师,让老师评判孰是孰非。老师听了学生的来意,又慢慢吐出了五个字:"不过一念间!"

这位老师说的"不过一碗饭",其实两种方式都解释得通。所以说,两个学生的选择都没错。去与留,成与败,其实也都是一念间的事。换不换工作,换不换环境,其实都不重要,关键还在于自己的观念,自己的心态。

推销员威廉，来到一个小城镇拜访一位房地产经纪人，想让他参加"销售与商业管理"的课程。经纪人很感兴趣，但迟迟不发表意见。威廉见状只好试探说："您很想参加这个课程，没错吧？"谁知经纪人犹豫了一会儿，说："唉，我也不知道是不是要参加。"

威廉白费了半天唇舌，结果却是一无所获，当他感到失望决定离开时，突然又改变了主意，他决定全力以赴地做成这笔生意。于是他说了下面这番令经纪人大吃一惊的话："先生，我要向您说一些不太恭敬的话，但这些话对您并没有恶意。请您先看看您的办公室，地板很脏，墙上全是灰尘，打字机老得该送博物馆了。您的衣服又脏又破，胡子没刮干净，眼神里也显现出失败的阴影。我甚至可以想象，在您家里，您的太太和孩子吃得穿得都不好。但是您太太一直忠实地跟着您，不离不弃。

"其实，我并不是为了让您参加我们的课程才这样说，或是因为您不参加我们的课程我气急败坏才这么说。即使您现在就报名并预缴学费，我也不会接受。在我看来，您没有进取心去完成这门课程，而我们不希望我们的学生中有失败者。

"现在，让我来告诉您您失败的原因——您不具备拍板的能力。您已经养成了逃避责任的习惯，无法对影响您生活的任何事情做出明确决定。"

威廉这番"重炮"的轰击，令经纪人哑口无言，他呆坐在椅子上，低下了头，看得出来他的心里很不平静，但并不准备对这些尖刻的评论进行辩解。

说了声再见，威廉出了房门。很快，他又走了回来，满脸微笑地在经纪人的面前坐了下来，说道："也许我的指责伤害了您，但我倒真的希望能触怒您。在这场男人对男人的谈话里，我要告诉您的是，我认为您并不欠缺智慧和能力，然而不幸的是，您养成了一种不思进取的习惯。但事情并没有那么糟糕！请您原谅我刚才的不敬。假如您相信我，我也许可以帮助您。您不属于这个小镇，这里不适合从事房地产生意……"

话刚说完,经纪人竟抱头痛哭起来,哭了好久才停下来。他与威廉握了握手,表示愿意接受他的劝告。他向威廉要了一张报名表,报名参加了那门课程。

几年之后,这位房地产经纪人在大城市开了一家房地产公司,成为当地最成功的房地产商人之一。他手下有很多推销员,每一位推销员在被正式聘用之前,都会被叫到他的办公室,听他讲述自己的蜕变过程。

这个房地产经纪人是幸运的,在他因逃避责任而变得碌碌无为的时候,一个几乎素不相识的人以他意想不到的方式刺痛了他,把他推向了成功。

一个人能否成功,根源在于:你是否渴望改变现状?你是愿意继续忍受失败的折磨,还是愿意通过艰辛地劳动来改变自己眼下这种不尽如人意的局面?

并不是所有的人都能遇到把自己从泥潭中拉出来的人,不管有没有人来推动我们,我们都应该以一种积极的心态,重新审视自己的生活,并立即采取行动,让生活变得更美好。只有我们自己心中的信念才能真正地帮助我们渡过难关,走向成功。

## 强者在困难面前绝不退缩

一名优秀的员工,首先必须意识到,在日常充满欢笑的工作场所背后隐藏着的种种困难。如莫名失去一份重要的合同,或失去工作甚至家庭。他们不仅必须和其他竞争对手展开竞争,而且必须和公司内部觊觎他们职位的员工展开竞争。此时,强者和弱者面对这些所谓的困难,就会表现出两种截然不同的应对方法。

苹果电脑的主要创始人乔布斯的成功和面对困难始终不退缩是分不开的。

乔布斯读书勤奋,善于思考,曾以优异的成绩考上大学。由于经济拮据，几乎是半工半读，靠自己在业余时间打工来赚取学费、生活费。即便如此，他在 1974 年还是因经济所迫不得不中断了大学学业，未毕业就离开了学校。

乔布斯中断学业时，年仅 19 岁。他进入雅达利电视游戏机械制造公司，找到了一份工作。然而，他的志向并不在此。当时，微软电脑刚问世不久，在美国加利福尼亚的库珀蒂诺镇，一些业余爱好者正在组织"自制电脑俱乐部"。乔布斯虽然没有读完大学，但他已经掌握了不少这方面的知识，加上他对这方面的知识又颇感兴趣。经过认真思考，认为要干出一番事业，从事电脑行业是最好的选择。在当今世界科技发达之时，个人电脑更是发展的一个方向。于是，他下定决心要独闯天下，在研究和开发个人电脑方面大干一场。

他把这个想法告诉了自己的朋友瓦兹尼雅克。瓦兹尼雅克也和乔布斯一样，因经济所迫放弃了音乐学业，到一家仪器公司当了设计员。他们平时很要好，志趣相投，乔布斯说了自己的想法后，他俩一拍即合。于是，两个人立即着手筹备。

但他们俩手头上几乎没有钱，东拼西凑加起来也只有 25 美元。然而他们就是用这一点钱，买了一片微处理器，把乔布斯父亲的修车房作为工作室便干了起来。这简直就像是两个小孩子在玩游戏。

然而，他们就是凭着 25 美元的资本，经过废寝忘食地奋斗，终于试装出一台微电脑，把它和电视机连接使用，可以在电视屏幕上显示出文字和简单的图形来。

他们为自己取得的这一小成果而兴奋，于是把这台个人用微电脑送到自制电脑俱乐部展示，受到热烈称赞和欢迎。他们信心十足，接着就试制出一小批这样的个人用微电脑公开出售，竟然非常抢手，有一家电脑商店，一次竟向他们订购了 350 台。这给他们带来了发迹的机会。

从此，他们一发而不可收拾，他们废寝忘食地投入电脑事业当中，一步步艰辛地走了下来，之后他们有了自己的小公司。为了纪念乔布斯在半工半读的岁月里曾在一个苹果园里工作过，他们把公司命名为"苹果电脑公司"。现在，苹果电脑公司已经成了世界级别的公司。

强者们专著于自己的梦想，不怕挫折，不惧困难，在失败面前不气馁、不服输。在追求成功的过程中，只要紧紧握住毅力和信念的利剑，胜利则非你莫属。

每一位员工都会有一些对他们来说难以逾越的障碍，但是并不要一味地惧怕它，面对这些，除了勇往直前，我们别无选择，这就是强者之路。

要想成为强者，不妨把梦想和目标定得高一些，怀着十足的信心和动力去迎接一次又一次新的挑战。

# 第三篇

# 责任大于一切

在某商学院中有这样一条启示录：承担责任没有对错，没有被迫，只有选择。一个大国家要承担起一个大国的责任，方能享受到大国的利益。同样地，对于一个大公司或一个人而言，也是责任与权利同在。你能担当起怎样的责任，才能相应地享受怎样的权益。一个人没有竞争力，主要原因就在于漠视责任，缺乏担当意识，没有以负责任的精神对待生活和工作。可以这么说：责任有多大，舞台就有多大——责任大于一切。

# 第6章 没有任何借口，方法总比困难多

事实上，带任何一丝借口之人都是平庸之人，借口是愚者自我安慰的掌上名言。实际上，"没有任何借口"所要表达的内涵远远比字面意思要深刻得多。这不仅仅是西点军校对所有的学员提出的一个口号，更是我们面对人生的时候都应当奉行的一个重要的思想理念和行为准则。

## 不找任何借口，没有完不成的事

如果我们经常为自己找借口的话，那么就不可能完成任何事了，这对于我们以后的职业生涯来说，是极为不利的。如果我们经常发现自己为了没做或没完成的某些事而制造借口与托词，或者想出成百上千个理由为事情未能照计划实施而辩白、解释的时候，那么，我们最好的做法就是多做自我批评，多多地自我反省。

在现实生活当中，如果我们上班迟到了，就会出现"家中有事"、"手表停了"、"交通堵塞"等借口，当自己的工作没有干好时，就会有"任务过重"，"身体不适"或者其他的种种借口，在生活中有了问题或犯了错误的时候，尤其是一些难以解决的问题和错误，我们也会首先想到的不是勇敢地去承担责任、面对问题、解决问题，而是去想方设法地为自己的过失寻找这样那样的理由，目的只是为了推卸自己的责任，为自己的过失而开

脱。事实上，我们每一个人都应该知道，借口本身的存在是没有任何意义的，甚至有的时候借口是一个相当滑稽的东西。

"没有任何借口"听起来似乎是要把人往死胡同里逼，让人们没有退路更没有任何选择，也让人们时刻必须承载着很大的压力去拼搏，置之死地而后生，然而，也只有在这个时候，人们内在的潜能才能够最大限度地发挥出来，这个时候，成功就在不远的地方向自己挥手。相反，不愿承担责任、拖延、缺乏创新精神、不称职、缺少责任感、悲观态度，这些都是隐藏在看似冠冕堂皇的借口之后的十分可怕的东西。

没有任何借口、不寻找借口，事实上，也就是永不放弃自我的一种自信。如果我们想要成功，就必须要始终保持一颗积极、乐观、坦荡的心，尽量发掘周围人或事物最好的一面，然后寻求正面的看法，使得自己能够拥有向前走的力量。即便终究失败了，也还是可以汲取教训的，将失败看作是向目标前进的踏脚石，千万不要让借口成为我们成功道路上的绊脚石。因而，对于聪明的人来说，他们总把寻找借口的时间和精力用到努力生活和工作中来，这是因为生活是实在的，人生当中没有借口，成功永远属于那些不寻找借口的人。

当我们自己犯下了错误之后，也或者是自己毫无过错，而上司、同事、家人、朋友、客户却抱怨自己的时候，我们不需要去争辩，而应该用心去听取，认真去反思为什么会出现这样的情况，有则改之，无则加勉。

总之，借口是完全应该从大脑里删除的概念。只要我们删除了借口，那么也就意味着你将逐渐地拥有高效而成功的人生。

## 输在借口，赢在不可能

执行力的表现就是没有任何的借口，无论我们做什么事情，都必须牢牢记住自己的责任，更要明白输在借口，赢在不可能。

事实上，借口是拖延的温床，那些习惯性的拖延者一般也是制造借口与托词的专家。每当他们要付出劳动，或者要作出抉择的时候，他们总会找出一些借口用来安慰自己，并且在这种时候他们总是想让自己能够轻松些、舒服些。其实，对那些做事拖延的人来说，总有一些各种各样借口的人，所以，对于这些人，是不会报以太高的期望的。

美国的一个心理研究机构在一份调查报告的结尾这样写道：在编撰20世纪历史的时候，其实可以这样写，我们人类最大的悲剧并不是恐怖的地震，也不是连年的战争，甚至也不是原子弹投向广岛，而却是千千万万的人活着然后死去，但是从来没有意识到存在于他们身上的巨大潜能。

其实，假如我们不找借口，那么我们就不会输在借口上，要充满对工作的激情，赢在不可能。比尔·盖茨有句名言："每天早晨醒来，想到所从事的工作和所开发的技术将会给人类生活带来的巨大影响和变化，我就会无比兴奋和激动。"

比尔·盖茨的这句话恰好阐释了他对工作的激情。在他的眼里，一个优秀的员工，最重要的素质是对工作的激情，而并不是能力以及责任。比尔·盖茨的这种理念已成为微软文化的核心，就像是基石一样让微软王国在IT世界中独霸天下。

不为工作找借口，意味着我们比别人多了一分成功的机会，意味着我们可以全力以赴地做事，没有私心杂念；不找借口，意味着我们自己可以更好地挖掘自身的潜力，做别人不能做的事情；不找借口，意味着我们的生活从此鲜有对抗，只有一个目标，简洁明了。

乔治是某汽车公司的一名装配工人。据说,他自己所在的这个部门要"全面自动化",也就是不再使用人力。为此,同事们都烦恼又忧愁,因为这些人大部分都已经步入了中年,原本可以在装配线上一直工作到退休为止。然而,乔治并不找部门政策的借口,去抱怨忧愁。在一切都还未确定之前,乔治就利用了晚上休息的时间学习电脑硬件修护。一年过后,"全面自动化"的事情真的发生了。厂方最终遣散了100多名工人,以机器人替代。然而乔治由于提前做好了准备,不仅没有被辞退,而且还加了薪,自己也有了属于自己新的岗位。

不找借口,看起来没有后路可退,缺乏人情味,然而,它却可以激发一个人的最大潜能。无论你是谁,在生活和工作当中,扮演着怎样的角色,都无须找寻任何的借口,而只需发挥自己的潜能,不管成功与否,让借口沉默,我们就会因此与成功结缘。

像乔治这种尽其所能、激发潜能的人,对于职场中人来说,是一种积极的启示。在充满竞争的当今社会,以成败论英雄,谁能自始至终地陪伴你,鼓励你,进而帮助你呢?并不是老板,也不是同事,更不是朋友,这些人都无法做到这一点。只有自己才能激励自己以充沛的激情去迎接每一次挑战。因而不要输在借口上,要赢在不可能,那就意味无论成功与否,你已经是一个成功的人。

## 积极动脑,方法总比困难多

有句话叫做:"只要思想不滑坡,方法总比困难多。"在工作与生活之中,自我暗示的作用非同小可,当我们遇到失败与挫折的时候,一定不能以"唉,实在没办法,这件事太难了"的心态去应对,而应该抱着"没关系的,这个麻烦一定有办法解决的"态度去勇敢面对,理由很简单,那就是只有在遇到困难的时候能够做到积极寻找应对措施,才能够解决问题,战胜困难,换句话说,当生活与工作中的困难让我们的消极情绪占主导作用的时候,我们绝不能臣服这个可恶的消极情绪,而是充分调动主观能动性,让消极情绪彻底崩溃,因为这是我们面对困难、解决困难的首要任务,我们要一次次地暗示自己:我一定行的,我一定会有办法办到的,相信方法总比困难多,换个方法试一试。

事实上,一个人如果想要成就一番事业,就要有不畏艰难的精神,在做事的时候,也要像一只猎豹一样盯住猎物,将猎物作为唯一目标,目的就是将它擒住。

然而,在我们日常的生活与工作中,总有许多人在挫折面前打退堂鼓,甚至有时候出现一点小小的挫折都会唉声叹气、怨天尤人,而不去想想自己该如何面对,其实,在他们怨天尤人的同时,就已经失去了做事的希望,那么失败便是注定的了,由此,工作中的我们如果臣服于挫折的话,那么必然会是一事无成,千万要记住一点,方法总比困难多。

常言道,世上根本没有办不成的事,只有不会办事的人。这句话十分有道理,一个会办事的人,必然能够在纷繁复杂的环境中轻松自如地驾驭任何局面,把常人看来不可能的事变成可能,直到最终达到目的为止。

众所周知,塞洛斯·W·菲尔德从商界引退之前,就已经积累下了大量的财富,在常人看来,他可以尽情享受自己积攒的财富,然而,就在这个时候,菲尔德对在大西洋中铺设海底电缆的构想产生了非常大的兴趣,在他看来,如果能够实现的话,那么欧洲和美洲就能建立起电报联系了。

菲尔德决心倾其所有来完成这项当时被认为不可能的事,当然,在菲尔德看来,这是一个相当伟大的事业。

几经努力,菲尔德得到了英国政府的援助。然而,在国会中,有一个非常有影响力的团体对这个方案强烈反对,最终,菲尔德的方案仅以一票的优势涉险获得通过。英国海军派出了驻塞瓦斯托波尔舰队的旗舰阿伽门农号用来铺设电缆,而美国方面则出动了新建造的护卫舰尼亚加拉号来承担这一工作。由于一次意外事故，使得原本已经铺设了 5 英里长的电缆却卡在了机器里折断了，这为这项方案的实施带来巨大的困难，菲尔德顶住困难，力排众议，争取到了第二次的实验机会，然而，电缆又被卡断了。

在这种情况下，菲尔德依然决定再次实验，在他看来，方法总比困难多，面对困难的唯一办法就是想办法。于是，他又重新购买了七百多英里长的电缆，并且委托了一位精通电缆的专家设计出一套性能更好的铺设电缆的机器设备。另外，菲尔德还努力让美国与英国的发明家齐心协力地工作，最后还是决定从大西洋的中央开始铺设这两段电缆。

就这样，两艘船就开始不分昼夜地分头工作，一艘驶往爱尔兰方向，另一艘驶往纽芬兰，每艘船都各自承担一头的铺设工作。然而，意外不可避免地又出现了，在两只船相隔还剩三英里的时候，电缆再一次断了。

由于这个项目的挫折不断，许多参与此事的人都感到万分沮丧，公众也开始质疑这个项目的可行性，就连投资商都想退却。如果不是菲尔德的坚持与努力，这个工程很可能就被迫中断了。菲尔德不屈不挠，积极动脑，废寝忘食地工作，使得这个项目又获得了一次实施的机会，然而，这一次也以失败告终。

这个时候，所有人对接连美洲与欧洲的通信电缆一事都失去了信心，然而菲尔德依然在坚持着，虽然经过几次捞起电缆的尝试都宣告失败了，这个项目也停滞了一年多，但是菲尔德自己却没有被这些困难所吓倒，继续为自己的目标努力，不断为自己打气，他一面告诉自己一定能够成功，一面积极地想办法，找寻出路。为此，菲尔德又重新组建了新的公司，并制造了一条在当时来说最为先进的电缆。就在 1866 年的 7 月 13 日，试验就开始了，这一次成功地向纽约传送了信息，电缆铺设最终取得了成功！

正是因为菲尔德面对挫折的执著与坚韧，才使得美欧两大洲的通信联系得以实现。也正是因为菲尔德这种人的不放弃、不服输才有了人类今天的文明与进步。

在我们每个人的人生海洋里都布满了暗礁,它的出现经常出人意料,甚至有时会给我们带来致命性打击,如果我们在面对这些的时候没有积极想办法解决而是被其吓倒,那么我们就是彻头彻尾的失败者。

## 换个思维,问题就会迎刃而解

失败与成功其实也就只差一步之遥,差的不只是运气,不只是能力,也不只是努力,更是一种明智的思维。如果我们能换个思维的话,那么问题也会迎刃而解了。

许多成功的人都会将成功归结为两步:想和做。也就是说,一个人是否可以成功,不仅要看他是否去想成功、是否去做,而是怎样去做,这个"怎样去做"就是指在做事时的思维方式。在我们的生活中,有许多执著并不想的人,这样的人必然无法成功,在传统的观念当中,许多人认为只要注重实践,就可以成功,结果辛辛苦苦忙了一辈子却一事无成,主要原因就是思维方式的偏差。

在现今这个竞争越发激烈的社会,要想获得成功,思维的作用也越发大了起来,甚至起到决定性作用,事实上,思维向来很重要,因为它直接决定着我们的行动。毋庸置疑,无论你怎样想怎样做,如果你的思维独到,必将会使你事半功倍,但是如果你的思维不适合你所做的事情,那你也会事倍功半,甚至一无所获。

生活中,许多人的思维都是习惯性地跟着经验走,跟着前人走。用别人用过的方法,或者说用前人的思维来解决现在的新问题,当然结果不会成功。因而一个人的可贵之处并不是在于用前人的方法来解决问题,而是敢于突破传统的思维,以自己独创的甚至是颠覆传统的思维来指导我们自己的行动。

比如说,大家都说"好马不吃回头草",为什么好马一定不可以吃回头草呢?如果曾经你爱的人也同样是爱你的人,只是因为某些误会分开了,当你们再一次有机会走到一起的时候,为什么不能彼此解开心结再续前缘呢?或者你曾经十分热爱的工作因为某种原因而错过了,然而当机会再一次降临到你的头上的时候,你为什么不可以抓住机会做自己热爱的工作呢?

事实上,生活中总有一些事情是在我们真正经历过了才知道是对是错,也总有一些东西当你失去了才知道它的珍贵,既然已经经历过了、懂了,那么为什么还要有那么多牵绊呢?所以说,好马也可以吃回头草。其实,如果我们能够在遇到问题的时候换个思维,那么我们一定可以获得意想不到的轻松与惬意。

在很久以前,欠债不还足以让人入狱,有一位伦敦的商人,欠下了一位放高利贷的债主一笔高昂的巨款。那个又老又丑的债主看上了商人青春貌美的女儿,要求商人用女儿来偿还债务。

商人与自己的女儿当然不愿意,然而面对着势力强大的债主又感到十分恐慌,伪善的债主提议让上天来决定这件事,他说,他将一颗黑石子和一颗白石子放在空钱袋中,让商人的女儿从中掏石子,如果掏出的是黑石子,商人的女儿就得嫁给自己,而债务一笔勾销,如果是白石子,不仅不用嫁给他,与商人之间的债务也可以免除。

商人父女虽然不情愿,但是还是答应了债主,协议之后,债主随即便拾起了两颗石子,放入袋中,少女察觉到:两颗石子全是黑的!

女孩极为冷静地将手伸入袋中,然后漫不经心地掏出一颗石子,手突然一松,石子便掉在了石子堆中,显然,已经无法辨认出是哪一颗了!

"瞧我笨手笨脚的,不过没关系,咱们只要看看袋子里剩的石子是什么颜色的,就能知道刚才掏出的是什么颜色的了!"

袋子中剩下的肯定是黑石子,债主自然不会说出自己的诡计,只好承认少女刚才掏出的是白石子了。

显然，这个故事中的商人父女所面对的问题不是"解决向导"的思考模式所能处理的，因为"解决向导"会让人着眼于"掏出的石子是什么颜色"。然而，换一个角度，将问题的关键着眼于"袋子中剩下的石子是什么颜色的"。这样才使得危机变成最有利的时机。

其实，有许多人终其一生在成功的道路上徘徊奋斗，甚至有的时候还跌得头破血流，依然也没有问鼎成功，原因也就在于蛮干和苦干。蛮干与苦干显然是行不通的，成功之路更需要闪耀着智慧火花的思维方法。

## 思路一变天地宽

思路清晰要远比埋头苦干重要得多，心态正确要远比现实表现重要得多，选对方向要远比闷头死干重要得多，做对的事情要远比把事情做对重要得多。成长的痛苦要远比后悔的痛苦好得多，胜利的喜悦要远比失败的安慰好得多！

常言道"思想一变天地宽，思路一变方法来"。也就是说，一个人的思维方式决定了他如何进行选择，他的选择决定了他踏上哪一条道路，走上哪条路也就决定了一个人将来的人生过程和结果。绝大多数人都习惯做一个语言方面的巨人，行动方面的矮子，所以有很多人满口的人生大道理。但这些人往往在遇到困难的时候更容易钻牛角尖。越是高学历者越容易陷入这个悖论中难以自拔。

每一个政治家都想获得成功，每一个士兵都想成为将军，每一个工薪族都想拥有一份丰厚的薪水，每一个商人都想实现利润最大化。我们身边也不乏这些成功人士，为什么他们能够实现自己的理想，能够如此的出色呢？重要的一点是他们的思想很灵活，做任何事情的时候善于变通，这样他们在做事情的时候就可以事半功倍了，做到了省财、省力、省时。

我们可以看出，思路一变方法来，思路决定出路，行动成就梦想。当绝大多数人都在想着怎样得到的时候，却有少数人在想怎样去得到自己想要的；当绝大多数的人临渊羡鱼的时候，却有少数人默默地退而结网；当绝大多数人都把"钱权"当成追求的结果的时候，却有少数人把它当作实现人生价值的工具；当绝大多数人在一味索取的时候，少数人却在默默付出；当绝大多数人在诿过揽功的时候，少数人却在勇敢地承担责任；当大多数人都去忙忙碌碌地寻找更好的工作的时候，却有少数人在努力干好工作……所以我们不难想象这些不同的思路会出现的不同结果。

鲁迅先生曾说过这样一句话："世上本无路，走的人多了便成了路。"我们从中可以领悟出我们需要创新的思维，我们可以走一条从来没有人走过的路，这样就可以走出一条属于自己的道路。在如今激烈竞争的年代，有很多人想走平坦的路，所以他们选择了很多人都走过的路，走了一段他们发现这条路走不通了，因为路上站满了人，这也就变为"世上本有路，走的人多了就没有了路"。

人的思维也是一样，走上一条人潮涌动之路的时候，那么你被淹没在茫茫人海中也就毫不奇怪了……所以应该及早地放弃这条"死胡同"，给自己寻找一条新的出路，思路一变天地宽。

对于加拿大少年琼尼·马汶来说读书一直是一件很吃力的事情。高二时，他向一位心理学家求助，"我一直非常用功读书，为什么我读的还是那么吃力呢？"马汶苦恼地说。那位心理学家意味深长地回答他说："问题就在这里，孩子。你一直在用功，但进步却不大，你要是再这样学下去，恐怕也只是浪费时间。"

孩子马上就难过地用双手捂住了脸："如果是这样，我爸妈会难过的，他们一直希望我有出息。"心理学家抚摸着琼尼·马汶的头说："如果说工程师不识简谱或画家背不出九九表，这都是完全有可能的，但是每个人都有特长——其实你也不例外，总有一天，你会发现自己的特长。那时，你就让爸爸、妈妈骄傲了。"马汶从此再也没去上学。

之后,马汶开始替人整建园圃,修剪花草树木。没多久,雇主们开始注意到小伙子的手艺很不错,他们都称马汶为"绿拇指"——因为凡经他修剪的花草树木无不出奇的茂盛美丽。特别是他将市政府前一块肮脏的污秽场地变成了一个美丽的小花园,所有人都称赞马汶。

到现在为止,已经过去25年了,虽然马汶依旧没学会法国话,也不懂拉丁文,微积分他更是不懂,但是如今他已经成为一名著名的园艺家,以色彩和园艺享誉国内外。

要记住,不要只顾埋头走路,每走完一段,都要静下心来好好地总结,看看自己走的这条路,是不是真的适合自己。如果通过走这段路发现自己确实不适合这样走下去了,就应该及早地罢手,应该改变自己的思路,给自己一个重新选择的机会,给自己重新选择一条适合自己的路。所以不论什么时候我们都要知道思路一变天地宽。

## 只有想不到,没有做不到

人们常说只有想不到,没有做不到。如果想要成功,一定要敢想,梦想需要章法,但是更需要智慧,智慧是成功的保证,没有智慧,我们将一无所有。成功有三个不可或缺的构成因素,梦想、行动、智慧。行动与智慧固然重要,但是如果连梦想的想法都没有,其余的一切都没有意义。

如果说成功是你的人生目标,那么智慧同样也是可以引导你到达成功的航标。成功就像是一个美丽的天使那样,她的降临会让你在社会当中找到名誉,在政治上找到地位,在经济上找到财富,在事业上找到成功,在爱情上找到幸福。

实践证明,成功往往属于那些敢于梦想以及追求的人们。别人的学识、精神、作风,都是可以学到的,而真正的能力是任何书本上也学不到。俗话说,风险有多大,获得财富的机会就会有多大。把握了偶然的机会,我们就能够成功地驾驭自己、有效地驾驭机会,与其坐等机会的到来,不如自己创造机会,只有想不到,没有做不到。

世界之大,无奇不有,因而世界具有着无穷的魅力,人生与世界一样,也是可以创造出奇迹的,因而,每个人都应该对自己的人生抱有期待。

如果在一个"口"字上任意加上两笔,可以变出多少字来?不算不知道,一算吓一跳,"旧、目、田、由、甲、申、电、白、石、巴、巨、央、尺、户、兄、句、叼、叩、叫、叨、叹、占、台、囚、白、四、右、旦、史、另、虫、叱、卟、叮、叶、台、加、召、古、叵、可、号、兄、……"

事实上,我们在感慨的同时也更加肯定一点:没有做不到,只有想不到。我们每一个人自己本身不也就是为了创造无限的可能才存在于世的吗,我们每个人的一生都是独特而有意义的。如果每个人都可以抱着这种想法,肯定自己的独一无二,请相信,在我们的人生中,并没有什么事情能够让你感到没有信心和郁闷。

当父母问孩子:"长大之后你想做什么的时候,如果孩子说:我想当个科学家。"家长千万不要因此一笑而过,请尊重孩子单纯但又最真实的想法,也是在尊重一种值得称赞的可能性。因为多少科学家都是从儿时就表现出与众不同的思维的。

当老师询问自己的学生:"你以后想上什么样的大学的时候",如果得到的回答是"哈佛或者剑桥",那么这也是一件值得老师激动的事情。就算这个学生的成绩平平,然而至少说明他已经拥有了无限可能的精神,值得我们每一个人去相信,即使他没能上成哈佛或者剑桥,那么他的人生也一定是与众不同的。

当一个公司领导询问自己的属下:有什么人生规划的时候,如果这个下属说:第一个目标就是超越你。那么千万不要以为这个下属喝醉了,而应该认真对待这个回答,因为这样的下属能为工作带来诸多益处,大有青出于蓝胜于蓝的气势。

　　总之，无论我们想经历怎样的人生，前提是一定要对未来保持一种积极探索的精神，就像歌词所写的那样："阳光之下创造自己的传奇，暴雨之中也有无限勇气，不畏惧，向前冲，没有做不到的事。"

　　事实上，想法是在我们的头脑中产生的，而做法却是在实践里证明。这两者之间的相互信任的亲密关系是毋庸置疑的，只要这二者能够亲密结合，那就没有什么是做不成的。只要是自己所能想到的，都可以去尝试，只要你尝试了就是一种收获。至于是否真的可以做到，需要实践和时间证明，因而，在我们的人生征途之中：没有做不到，只有想不到。

# 第7章　全力以赴完成工作

> 如果对待工作就如同军人对待命令一样，全力以赴，那么，你就将成为一个工作中的尖子兵。有了如此的工作热情，自然就会获得丰厚的回馈。

## 与其抱怨，不如行动

曾经有一位著名将领说过："或者去做，或者不做，二者必居其一，要么全身退出，要么全力以赴。你只能做出一种选择。"

"不满"与"抱怨"是在日常生活中最为常见的一种情绪，也是善于寻找借口的人最善于利用的。

与其怨天尤人，不如踏实做事。这世上没有绝对完美的事物，如果想要抱怨，在任何时间、任何地方都能进行，然而抱怨的徒劳无功会使得人们的抱怨之心更为强烈，实际上，抱怨是一种恶性循环。对于生活中许多不如意的事情，人们的第一反应通常就是抱怨。假如只是一味地抱怨，而不去做一点有意义的事情，即使是再小的问题也无法得到解决，结果也不会成功。许多人都有这样一种想法：他们总是不满意自己的工作环境，只是一味地等待能够从公司以及同事那里获得更多，而自己却不愿意去付出什么。

克鲁斯是一家汽车修理厂的修理工，从进厂的那天起，他就开始不停地抱怨，比如"修理这活儿太脏了"、"瞧瞧我身上弄的"、"真累呀"、"我讨厌死这份工作了"之类的怨言总会从他口中听到，克鲁斯没有一天不是在抱怨和不满的情绪中度过的。在他看来，自己在受煎熬，就像是奴隶一样卖苦力。因而，克鲁斯总是找准时机，只要有空闲时间，克鲁斯便开始偷懒耍滑，敷衍手中的工作。

转眼几年过去了，当时与克鲁斯一同进厂的三个工友，各自凭着精湛的手艺，有的另谋高就，有的被公司送进大学进修，唯独克鲁斯，仍旧在抱怨声中做着他讨厌的修理工。

在日常工作中，经常出现这样的情况：一些任务分配下来，如果领导不关注的话，就没有人去认真地执行，最后索性就不了了之。也有些人面对分配的任务的时候是一脸茫然，而且还满脸狐疑地问上司，"这件事情我怎么不知道啊？"喜欢抱怨的人很少积极想办法去解决问题，总觉得许多事都不属于自己的义务。事实上，工作是自己的，认真工作是每一个员工的义务。

美国前教育部长曾经告诫人们说："记住，这是你的工作，工作就是需要我们用生命去做的事。"即便是遇到再大的困难，也不能寻找任何借口，更不应该进行任何没有必要的抱怨，而只能是要以积极的心态去面对。

在现今社会，职场竞争非常激烈，许多人的职业生涯极其动荡，与其不满和抱怨，不如摆正心态，踏踏实实做事，积极应对那些不满意的人或者事。只要减少报怨，怀着快乐的心情去工作，就可以在工作中感受到快乐。

快乐工作就是以一种积极的心态去面对一份来之不易的工作。当人们通过自己的努力将工作中一些较为复杂的事情办好的时候，往往会得到一种极大的满足感和成就感。

事实上，我们在工作中每抱怨一次，就为自己多设置了一道障碍，并且会感到困难之事更困难。作为一名员工，应该尽最大努力跳出抱怨的圈子,唯一可行的方法就是战斗再战斗。

一个优秀的员工通常不会抱怨和不满,并且能够很好地控制自己的情绪,以忠诚以及义无反顾的献身精神,为公司做着各种自己应该做的事情。没有任何借口、全力以赴地做好自己分内之事,这才是优秀员工所必须具备的素质。

# 机会只给有准备的人

机会只会留给那些有准备的人,成功也只会为那些有心的人而来的。难道真的是成功者总比别人幸运?非也,而是机遇更偏爱那些有充分准备的人。到底什么才是成功?成功就是,当机会来临的时候,你已经具备了必要的条件。

机遇稍纵即逝,谁能比别人多努力一点,谁就会拥有更多成功的机会。当然,机会同样是需要自己去创造的。老子曾在《道德经》里曾经这样说道:"小富由勤,中富由俭,大富由天。"

由此可见,使得人们能够大富的机遇是最难把握的。在同样的条件下,谁抓住了它,谁也就拥有了成功的契机。

然而,什么样的人才可以抓住机遇呢?"千里马常有而伯乐不常有",事实上,难道千里马生来就是千里马吗?不是的,千里马也同样是靠勤奋与努力,才成了千里马,才会被伯乐发现。如果是普通马,就是有再多伯乐都没有用。

所以,事实往往会证明:在工作和生活中,比别人多一些努力的人必定会比别人拥有更多抓住机遇的机会,从而获得更多的成功的机会。

两个同龄的年轻人一起受雇于一家超级市场,刚开始的时候得到同样的薪水。后来这个叫马勒的小伙子青云直上,薪水自然提高了不少,而那个叫布莱德的小伙子却依旧在原地踏步。布莱德对总经理的不公正待遇十分不满意。

有一天,布莱德实在忍不住了,便来到总经理面前发牢骚。总经理一边耐心地听着他的抱怨,一边在心里盘算着怎样向他解释清楚他和马勒之间的差别。

"布莱德先生,"总经理开口说话了,"您今早到集市上去一下,看看今天早上有什么卖的。"

布莱德从集市上回来向总经理汇报说:"今天早上集市上只有一个农民拉了一车土豆在卖。"

"有多少?"总经理问。

布莱德赶快戴上帽子又跑到集市上,然后回来告诉总经理一共40口袋土豆。

"价格是多少?"布莱德又第三次跑到集市上问来了价钱。

"好吧,"总经理对他说,"现在就请您坐到这把椅子上一句话也不要说,看看别人怎么说。"

总经理把马勒叫了进来,对马勒说:"你去集市上一下,看看今天早上有卖什么的?"马勒听后,撒腿朝集市奔去。

马勒很快就从集市上回来了,汇报说:"到现在为止只有一个农民在卖土豆,一共40口袋,价格是xx美元一斤,土豆质量很不错,我带回来一个让您先看一看。

"那位农民说他一个钟头以后还会弄来几箱西红柿,价格很公道,而且比超级市场里卖的还便宜,我看了看我们库存已经不多了。我想这么便宜的西红柿总经理必定会买进一些的,因而我带回了几个西红柿做样品,还把那个农民也带来了,他现在正在外面等回话呢。"

这个时候,总经理转向了布莱德,说:"现在您肯定知道为什么马勒的薪水比您高了吧?"布莱德的脸红了。

所以说,我们能改变的是做事情的态度,不能改变别人的要求,能改变自己勤奋的付出,无法改变机遇来临的时候。

由此,我们必须明白一点,机遇只会在一个人勤奋努力之后才会变得多一些,因为成功只会偏爱那些有所准备的人,所以,勤奋永远是第一位的,在每天的工作中,都应该竭尽全力地去做事,努力将自己的标准定的比别人高,如此一来,就没有达不到要求的时候。

事实上,机遇也是可以靠自己去创造的。在某种意义上说,自己创造机遇的人比一直苦等的人会获得更多的发展空间,因为他们对自己有很深的认识,对现实也有较强的竞争意识,另外,他们对机遇还有更好的态度。

当然,机遇十分重要,而我们能做的却只是努力做好每件事,认真过好每一天,在它来的时候把它把握住。由于机遇的短暂,我们只能在勤奋努力中等待。

# 下定决心才能有所作为

做事情刚开始就抱有退却念头的人可能是聪明人,但绝不可能成为能成大事的人。总想着为自己留退路也是意志力薄弱的体现。人人都希望自己能够获得成功,然而,成功所必备的条件除了勤奋努力之外,还有坚定的决心,只有坚定的决心才能使人的意志更为坚强,从而战胜一切困难。

许多富豪都愿意让自己的子弟到美国著名的西点军校来接受磨炼,这样做的目的并不是让他成为军官,而是为了改造他们的纨绔习气。校方也就适应这一需要,开设了一个特别班。被称为"金融大鳄"的索罗斯的父亲也曾自愿出 10 万美元,让索罗斯参加了这种特别班。

索罗斯在第一天就被黑人教官揍了无数拳,一直到承认自己不是人为止。而作为毕业考试的超越死亡的长途行军更是让这些富家子弟们刻骨铭心。

他们不准带钱、干粮和水，途中也没有任何补给，只能自己采摘野果、野菜以及捕捉小动物以维持生命，并步行200公里在一座指定的山头上找到一块写着自己姓名的小木板。凡是熬不住的人都有权自动退出，然而自动退出的人是无法拿到特别班毕业的荣誉证书的。

在长途行军的路上，许多人都败下阵来，坚持下来的只有几个人，这其中就包括索罗斯。5天过后，这几个人陆续完成了任务，都得到了荣誉证书，成为"合格的西点军人"。

西点军校的这一理念，不仅适用于培养优秀军官，也适用于培养企业的顶尖人才。他们一致认为："单一的MBA教育是培养不出优秀企业家来的。"

全球著名软件公司SAP的王牌销售员苏妲·莎，从2000年以来，每年都为公司带来4000万美元以上的收入。这是个使人叹服的数字。

2000年，苏妲想要半导体制造商AMD公司购买他们公司的软件，她与负责技术采购的首席信息官弗雷德·马普联系，然而，在一个多月的时间里，马普没有回过她一次电话。苏妲不停地给他打电话，马普有些不耐烦，并通过下属明确告诉苏妲："我是不会满足你的要求的，不要再打电话过来了。"

无奈之下，苏妲只好想别的办法了。她调动起自己的所有资源以及关系网，看看能找到什么突破口。最后，她发现，AMD的德国分部曾经购买过SAP的产品。苏妲·莎看到了一线希望，并联系到在德国负责这笔生意的销售代表，恳请他们能够帮忙。

在苏妲的努力下，这位德国同事找到了AMD在德国的联系人，请他去美国出差的时候和苏妲见上一面。这次会见，苏妲使出了浑身解数，终于促成了她和马普手下一位IT经理的面谈，之后，这位经理将苏妲介绍给了马普。

能够将客户的门敲开，只是万里长征的第一步。征服客户，让客户愿意掏钱购买，才是最为关键的一步。苏妲在和马普见面后，认真地聆听了马普对新软件的要求，并且向公司作了详细的汇报，与公司的研发部门进行了充分的沟通。她一边电话追踪马普的反应，一边推动公司产品的改进，最终，马普被她的坚持所打动，最后的成交额超过了 2000 万美元。

无论做什么工作，都会遇到困难，然而只要做事能够下定决心，就很有可能获得成功，这也是一个优秀的员工必备的素质。在困难面前，一个好员工总是会下决心去战胜它，而不是选择逃避。

想要成为一名优秀的员工，首先就要有不为自己预留退路的决心，并且始终坚信自己一定能够成功，充分发挥自己的聪明才智，即便是有退路也不回头，只有这样才能克服种种困难，并且在事业上取得伟大的成就。

做一名优秀员工，除了选定目标不回头之外，还要在前进的过程中不断培养自己的判断力，并慎加决断，让自己的决策不致产生偏差，不让自己的努力徒受损失。

破釜沉舟的勇气在工作中也有着极为重要的作用，这种勇气能够不断提升自己对于公司的价值，还可以为自己将来能有更上一层楼的表现做充分准备。

## 全力以赴投入行动

事实上，留有余地与全力以赴完全是两种不同的处世态度，乍一看，似乎都有一定的道理，但是也要分具体场合以及具体事情。对于梦想，我们只需要牢牢记住"把握生命中的每一分钟，全力以赴我们心中的梦，不经历风雨，怎么见彩虹，没有人能随随便便成功……"

只有全力以赴投入到行动中去，才可能创造奇迹。如果不能"选你所爱，那么就爱你所选"吧！事实上，如果想在我们的有生之年成就大业，我们就必须具有一种无比巨大的热情和激情,对你所做的事情全力以赴。

美国著名影星施瓦辛格曾经说过:"你必须把注意力百分之百地集中在你正在做的那件事上。心里不能有任何杂念,也不能让感情来干扰你。否则的话,你的主要精力就会朝另一个方向溜走,就不会帮你比赛或者用在赚钱上。"

1991 年,一位名叫坎贝尔的女孩独自一人徒步穿越了非洲,不但战胜了森林与沙漠,而且更跨越了四百英里的旷野。当有人问她是什么让她做到如此令人难以想象的壮举的时候,这个女孩只是回答说:"因为我说过我一定可以的,而且我在全力以赴地去做。"当问她曾向谁说过这句话的时候,她的回答却是:"向自己说过。"

我们人生的旅途其实也就像马拉松赛跑,在路途中,尽管有人为我们喝彩、鼓掌,为我们加油,然而这些都只不过是外在的因素,真正的力量来自于我们的内心,来自于我们全力以赴的力量。因为在我们全力以赴的时候,我们才能算是充满了力量,不断地向我们的目的地出发。

许多人在大多数时候,都在对工作和生活应付了事,根本不曾做到尽力而为或是全力以赴。

曾经有一位年轻人在远行之前,向村里的一位老人请教自己在远行的路途中需要注意什么。老人对年轻人说:"全力以赴。等过了二十年后,你再来找我。"

年轻人一路坎坷不断,挫折不断,但是做出了一番令人羡慕的事业,正好二十年也已经满了,当年的年轻人已经变成了中年人,他回到了村子里。依然向那个老人请教道:"老人家,我已经全力以赴了,然而在以后的路途之中,我该怎样做呢?"

"以后,你要尽力而为,十年以后,你再回来找我。"

在后来的十年中,中年人的生活波澜不惊,但他最终还是回去了。老人已经到了弥留之际,而中年人的双鬓也已经泛白。

"事实上，这一次我已经没有什么经验能够告诉你了。我只是想说说我自己的一生。当我还是个年轻人的时候，就有人劝过我要尽力而为，于是，我的前半生庸庸碌碌的度过，一事无成。后来，又有人告诉我一定要全力以赴，然而我遭受了许多挫败之后又输不起了，所以说我的一生算是很失败的，可是，我想知道假如有一个人经历一下我所不曾经历的，他会不会幸福呢?现如今，我明白了，原来这个人可以过得很好。为此，我还要谢谢你!"

老人说完这些话之后，便微笑着闭上了双眼。

"不，老人家，其实应该是我要谢谢你!"中年人说。

全力以赴投入到行动中去，只有这样，才能获得成功，全力以赴的人永远都会积极乐观、从不抱怨，更不会自设樊篱，因此总能激发出自身的无限潜能。他们整天都生活在正面的情绪当中，时刻都在享受着人生的乐趣。他们也总是积极地寻求解决问题的方法，总能让希望之火重新点燃。即使是在最艰难的时刻，他们也还在鼓励着自己，并且会尽量用自己的积极情绪感染周围的同伴。

全力以赴的人总是会为自己规划好未来的路，并且在争分夺秒的时间战中快乐地前行，与此同时，他们的事业与爱好也能够同步发展，精神与物质还可以携手上路，另外，那些只有失败者才会有的精神贫乏并不会出现在他们的身上，他们对生命对生活有着最高昂的斗志与最火热的激情。

全力以赴投入生活与工作的人，心中总是盛满喜悦，他们的胸中也常存无限激情的歌。如果想要获得成功，那现在就下定决心开始对自己将必须完成的工作全力以赴吧，出色地完成每一件交付到你手上的工作，如此一来，你也必将获得更多成就自己的机会!

# 第8章　使命必达,责任是一种信仰

一个有责任感的人,才有可能被大家信服。因为任何事情,都需要有人为其担负预期中的正面与负面责任,一个惧怕、推卸责任的人,是不会成为一个优秀的领导者的。这个道理,对于一个公司来说也是如此——一个售后服务做不好、对自己产品不负责任的公司,不会是一个好公司。

## 责任比能力更重要

有一位伟人曾经说过:"人生所有的履历都是在勇于负责的精神之后的。"责任感可以让任何一个人具有最佳的精神状态,精力旺盛地投入工作,并且将自己的潜能发挥到极致。

然而,在现实生活以及工作中,人们经常忽视责任感,并总是片面地强调能力。没错,战场上直接打击敌人的是能力,商场上直接为公司创造效益的也是能力。然而责任感似乎没有起到任何作用。也许正是因为这一点,导致人们重能力而轻责任意识。

事实上,一个员工能力再强,如果他不愿意付出,就不可能为企业创造价值,而一个愿意为企业全身心付出的员工,即便是能力稍逊一筹,也能够创造出最大的价值来。这就是人们常说的"用 B 级人才办 A 级事情,用 A 级人才却办不成 B 级事情"。

一个员工是否是人才的确很重要，可是最关键的还在于这个人才究竟是不是真正能够负责任的员工。

当然，责任感胜于能力的说法并不是否定能力的作用。一个只有责任感而无能力的人，也只是个无用之人。事实上，责任感是需要用业绩来证明的，而业绩是靠能力去创造的。对于一个企业来说，员工的能力以及责任感都是动态的。

韦斯利先生是美国一家航运公司的总裁，当他将一个有潜质的人提升到生产落后的船厂担任厂长的半年之后，该厂的生产状况并没有得到预期般好转。

韦斯利在听完这个被自己提拔了半年的厂长做完汇报之后问："像你这样能干的人才，为什么也不能够拿出一个可行的办法，激励他们完成规定的生产指标呢？"

厂长回答说："我也不太清楚，我也曾用加大奖金力度的方法引诱，也曾经用强迫压制的手段威逼，甚至还用开除或责骂的方式来恐吓他们，但是无论我采取什么方式，都无法改变工人们懒惰的现状。他们就是不愿意干活，实在不行咱们就招聘新人吧。"

韦斯利要了一支粉笔，然后他转向离自己最近的一个白班工人，"你们今天完成了几个生产单位？"

"6个。"

韦斯利先生在地板上写了一个大大的、醒目的"6"字以后，一言未发就走开了。当夜班工人进到车间时，他们一看到这个"6"字，就开始发问。

"韦斯利先生今天来这里视察，他问我们完成了几个单位的工作量，我们告诉他6个，他就在地板上写了这个6字。"白班工人解释道。

第二天早晨，韦斯利又走进了这个车间，夜班工人已经将"6"字擦掉，换上了一个大大的"7"字。下一个早晨白班工人来上班的时候，他们看到一个大大的"7"字写在地板上。

在白班工人看来,夜班工人自以为比咱们好,好吧,咱们就给夜班工人点颜色看看,他们全力以赴地加紧工作,下班之前,留下了一个神气活现的"10"字。生产状况就这样逐渐好起来了。没过多久,这个一度生产落后的工厂居然比公司其他的工厂产出要多很多。

韦斯利先生就这样巧妙地达到了提升生产效率的效果,只是因为他用一个数字激起了员工对企业的责任意识。而这种责任感让员工充分发挥出他们的能力,创造出了骄人的业绩。

我们要重视胜于能力的责任感,还因为另一个原因:那就是能力永远由责任感承载。

曾经有一位人力资源部主管正在对应聘者进行面试。除了专业知识方面的问题之外,还有一道让很多人无法走进公司大门的题:在你面前有两种选择,第一种选择是,担两担水上山给山上的树浇水,你有这个能力完成,但是会很累,第二种选择是,担一担水上山,你会轻松自如,并且还能够让你有时间回家休息一下。你会选择哪一种?

不幸的是,许多人都选择了第二种。当人力资源部主管问道:"担一担水上山,没有想到这会让你的树苗缺水吗?"当然,许多人都没想到这个问题。也有人选了第一种做法,当人力资源部主管问他为什么时,他说:"虽然担两担水上山很累,可是这是我能做到的事情,既然是能做到的事为什么不去做呢?再者说,让树苗多喝一些水,它们就会长得很好。何乐而不为?"因而,只有这个小伙子通过了面试,其他选择担一担水的面试者都被拒之门外。

对此,这个人力资源部主管是这么认为的:"当一个人有能力或者通过一些努力就有能力承担两份责任,他却不愿意这么做,只是选择承担一份责任,因为这份工作可以很轻松。这种人,是一个责任感十分差的人。"

当你能够尽自己的努力承担两份责任的时候,你必定会得到绿树成林的收获,然而,工作中没有做到尽心尽力,那么你所获得的就很可能是满目荒芜。这也就是责任感不同的最大差距。

这个看似简单的题目中，却蕴涵着十分丰富的内容，通常情况下，越是简单的问题，越能看出一个人的本质。如果一个人有能力承担更多的责任，千万不要为只承担一份责任而感到庆幸，因为虽然这样会很轻松，但是却会因此失去更多的东西。

因而，对于我们来说，认识责任感有着重要意义，当我们有了强烈的责任感，我们的能力才能得到最大限度的体现与发挥，从这个角度上讲，责任感的确大于能力的作用。

## 坚守责任的力量

将责任感根植于内心，让它成为我们脑海中一种强烈的意识，在日常行为和工作中，这种责任意识会让我们表现得更加卓越。

一位著名的企业家说："当我们的公司遭遇到了前所未有的危机时，我突然不知道什么叫害怕了，我知道必须依靠我的智慧和勇气去战胜它，因为在我的身后还有那么多人，可能就因为我，他们从此倒下。我不能让他们倒下，这是我的责任，所以我在最艰难的时候，才变得异常的勇敢。当我们走出困境的时候，我对自己的勇敢难以置信，我会这么勇敢吗？是的，那一次遭遇让我真正明白了，唯有责任，才会让你超越自身的懦弱，真正勇敢起来。"

责任感不仅让人勇敢，还能让人战胜死亡和恐惧。面对责任，我们无从逃避，只有勇敢地迎上前去。但是，坚守责任并不容易，需要付出很多代价，最关键的是，只有认清责任，才能更好地承担它，坚守责任的力量。

我们每一个人都有责任。有些责任是与生俱来的，有些责任是因为工作、朋友而产生的，这些责任是每个人都无法推脱的。没有不须承担责任的工作，相反，你的职位越高、权力越大，你肩负的责任就越重。不要害怕承担责任，要下定决心，你一定可以承担任何正常职业生涯中的责任，你一定可以比前人完成得更出色。

只有认清自己的责任，才能知道该如何承担自己的责任，正所谓"责任明确，利益直接"。也只有认清自己的责任时，才能知道自己究竟能不能承担责任。因为，并不是所有的责任自己都能承担，也不会有那么多的责任要你来承担，生活只是把你能够承担的那一部分给你。

学会认清责任，是为了更好地承担责任，坚守责任。要想做到这点，首先要知道自己能够做什么，然后才知道自己该如何去做，最后再去想我怎样做才能够做得更好。

在一家公司里，每个人都有自己的责任。但要区分责任和责任感是不一样的概念，责任是对任务的一种负责和承担，而责任感则是指一个人对待任务的态度，一个人不可能去为整个公司的生存承担责任，但你不能说他缺乏责任感。所以，认清每一个人的责任是很有必要的。

只有读懂了它，我们才能按照它的规则去做事，去全力完成我们该完成的事情，这就是责任，也是责任所带给我们的莫大力量。因为有责任，我们不再恐慌和彷徨，做事有目标性和方向感。这就是责任给我们的益处，因此，要时刻让自己具有责任感。

一个商人需要招聘一个小伙计，他在商店的窗户上贴了一张独特的广告——"招聘：一个能自我克制的男士。每星期40美元，合适者可以拿60美元。"

每个求职者都要经过一个特别的考试。卡尔也来应聘，他忐忑地等待着，终于，该他出场了。

"能阅读吗？"

"能，先生。"

"你能读一读这一段吗？"商店老板把一张报纸放在卡特面前。

"可以，先生。"

"你能一刻不停顿地朗读吗?"

"可以,先生。"

"很好,跟我来。"商人把卡尔带到他的私人办公室,然后把门关上。他把这张报纸送到卡尔手上,上面印着卡尔要读的一段文字。

阅读刚一开始,商人就放出6只可爱的小狗,小狗跑到卡尔的脚边,相互嬉戏吵闹。许多应聘者都因受不住诱惑要看看美丽的小狗,视线离开了阅读材料,因此而被淘汰。但是,卡尔始终没有忘记自己的角色,他知道自己当下是求职者,他不受诱惑一口气读完了材料。

商人很高兴,他问卡尔:"你在读报的时候没有注意到你脚边的小狗吗?"

卡尔答道:"是的,我注意到了,先生。"

"我想你应该知道它们的存在,对吗?"

"对,先生。"

"那么,为什么你不看一看它们?"

"因为你告诉过我要不停顿地读完这一段。"

"你总是遵守你的诺言吗?""的确是,我总是努力地去做,先生。"商人在办公室里来回走着,突然高兴地说道:"你就是我想要找的人。"

卡尔是商人想要雇用的人,因为他一旦知道了自己的工作职责,就会带着强烈的责任感去完成它。

强烈的责任感能唤醒一个人的良知,也能激发一个人的潜能。但在生活和工作中,随处可以见到这样一些人,他们失去了自己的责任感,只有等别人强迫他们工作时,他们才会工作,他们从来没有真正考虑过自己身体内到底有多少潜能。

一个有责任感的员工,当他面临挑战和困难时,他会迸发出比以往强大若干倍的能力和勇气,因为他知道,很可能因为他的懦弱让企业承受巨大的损失,只有勇敢地面对,才有可能真正担当起责任,不让企业遭受损失。这就是责任带给我们的力量,也是我们坚守它的原因。

# 让责任成为习惯

"使命"这个词来自拉丁语,它的意思其实也就是"呼唤"。它触及了工作的实质——向你发出的呼唤,表达了你是谁,你想对世界说什么。

在1968年墨西哥城奥运会比赛当中,他是马拉松赛跑中最后一位跑完选手,他是来自非洲坦桑尼亚的约翰·亚卡威。因为他在赛跑过程当中不慎跌倒了,拖着摔伤并且流血的腿,就这样一拐一拐地跑着。直到当晚7点30分,约翰才最后一个人跑到终点。这个时候看台上只剩下不到1000名观众,当他跑完全程的时候,全体观众起立为他鼓掌欢呼。

之后有人问他:"你为什么不放弃比赛呢?"他回答道:"我的国家派我由非洲绕行了3000多公里来此参加这个比赛,不仅仅是为起跑而已——是要完成整个赛程!"

不错,他肩负着国家赋予的责任来参加比赛,尽管拿不到冠军,但是强烈的使命感让他不允许自己当逃兵。所以说,责任就是做好你被赋予的任何有意义的事情。

要知道责任关系到安危成败,从而关系到生死存亡……如果说没有了责任,那么这世上的任何东西也就没有了保障。

工作敬职敬业,做事有条不紊,秩序井然有序,这一切都是建立在每一个人坚守了自己的责任之上的,是因为每一个人尽职尽责地站好了自己的那一班岗。因为责任已然成为了我们的一种习惯,我们每天遵守着它,细心呵护着它,才有了这个世界的宁静与和谐。假如说你放弃了自己对社会的责任,或者是蔑视自身的责任,那么也就会意味着你放弃了自身在这个社会中更好的生存和发展的机会;相反地,假如你勇于承担责任,那么不管在任何时候都一定要坚守住自己的责任,负起自己的责任,这样也就会为社会、为企业也为自己带来发展的机会。

　　我们对于企业，同样负有一种责任，并且我们还应努力地将这种责任培养成一种习惯，时时刻刻，兢兢业业，创造着老板的未来，更创造着我们自己辉煌的未来。

## 清楚责任才能更好地承担责任

　　要知道在工作当中，员工才能够更好地承担责任，首先就应该清楚自己在整个公司处于什么样的地位，在这个位置应当做些什么，然后把自己该做的事情做好，唯有这样，才可以更好地履行自己的职责，更好地与他人合作。唯有这样才算是为公司承担责任，才谈得上是有责任感。

　　所以说只有认清了自己的责任，才会知道究竟怎样承担责任。通常在在一个公司的组织当中，每一个部门、每一个人其实也都有自己独特的角色与责任，彼此之间能够互相合作，才可以保证公司的良性运转。所以说，我们学会认清了责任，是为了能够更好地承担责任。首先要知道自己能够做什么，然后才知道自己该如何去做，最后再去想我怎么做才能够做得更好。此外，认清自己的责任，其实还有一点好处就是能够减少与同事间对责任的推诿。所以，唯有责任界限模糊的时候，人们才会容易互相推脱责任。

　　事实上，要想清楚自己在做什么，有什么责任，并且要确认自己的位置。因为整个公司就是一个大机器，而这个机器的每一个零件的作用也都是不一样的。所以说，你自己应该清楚在整个机器是个什么位置。例如你是一家公司的销售人员，与你直接打交道的一是经销商，二是商品。因此，你的责任是管理好商品，处理好公司与经销商之间的关系，让他们成为公司永久的上帝。倘若你不清楚自己公司产品的竞争优势以及整个公司的经营战略，不清楚经销商的经营思路和资金实力，那么这就是你的失职。这种失职有两种原因，一是你没有认清自己的责任，二是你不负责任。不过，归于一点就是缺乏责任感。要知道唯有清楚自己在整个公司中处于什么样的位置，在这个位置上应该做些什么，然后再把自己该做的事情做好，这其实也就是为公司承担责任，才是真正的有责任感。

其实现在很多的公司都在实行目标管理，但是对于每个人应该负什么样的责任，就要签一份责任协定。其真正的目的也就是让你做出公开的承诺，而且你的承诺也必须兑现，否则的话你就一定得承担没有兑现的后果。假如说你不努力去实现承诺，到头来很可能会尝到失败的苦果，因为你一旦签下责任协定，往后推卸责任的借口就失败了。因此，就有人会说："责任协定是把组织的目标变成个人承诺，使之成为一个关乎人格的问题。"

## 责任感让你脱颖而出

其实责任感也就是职场人士的一大亮点，它能够让一个初出茅庐、能力平平的人脱颖而出，迅速成为公司里炙手可热的关键人物。假如说你能够忠于自己的公司的话，那么对工作高度负责，那么你就会是那个很快成功的人。责任感可以让一个职务低微、身无长物的小职员成为老板眼中的重磅员工。

例如，一个主管过磅称重的职员，或许是因为怀疑计量工具的准确性而提出质疑，计量工具才能够得到修正，从而为公司挽回巨大的损失，虽然计量工具的准确性属于总机械师的职责范围。其实也正是因为有了对公司的责任感，他才会得到别人的刮目相看，并且获得一个脱颖而出的好机会。如果他没有这种责任意识，也就不会有这样的机会了。可以说，成功就来自责任。

小陈是一名刚刚走出校园的大学生，开始他到一家钢铁公司工作其实还不到一个月，就发现很多炼铁的矿石并没有得到充分的冶炼，一些矿石中还留着没有被冶炼充分的铁。长期处于这种状态，公司会有巨大的损失。于是他最后找到了负责这项工作的工人,跟他说明了问题,然而这位工人说:"假如技术有了问题,那么工程师也就一定会跟我说,现在还没有哪一位工程师向我说明这个问题,其实也就说明现在没有问题。"小陈又找到了负责技术的工程师,对工程师说明了他看到的问题。工程师很自信地说:"我们的技术是世界上一流的,怎么可能会有这样的问题?"工程师并没有把他说的事情当成一个很大的问题,同时还武断地认为,一个刚刚毕业的大学生,不会懂得多少知识,这只不过是小陈想博得别人的好感的一种方法。

但是小陈却肯定地认为这其实是一个很大的问题,于是他就拿着没有冶炼充分的矿石找到了公司负责技术的总工程师,他说:"先生,我认为这是一块没有冶炼充分的矿石,您认为呢?"

总工程师看了一眼,说:"没错,年轻人你说得对。哪儿来的矿石?"

小陈说:"是我们公司的。"

"怎么会呢,我们公司的技术是一流的,怎么可能会有这样的问题?"总工程师很诧异。

"工程师也这么说,可是事实确实如此。"小陈坚持道。

"看来是出问题了。为什么没有人向我反映呢?"总工程师有些发火了。

于是,总工程师也就召集负责技术的工程师来到车间,果然发现了一些冶炼并不充分的矿石。经过一系列的检查发现,原来是监测机器的一个零件出现了问题,才导致了冶炼的不充分。

公司的总经理知道了这件事之后,不但奖励了小陈,而且还晋升他为负责技术监督的工程师。最终总经理不无感慨地说:"我们公司其实并不缺少工程师,但缺少的是负责任的工程师,而且这么多工程师就没有一个人发现问题,并且有人提出了问题,他们还不以为然。事实上对于一个企业而言,人才是重要的,但是更重要的其实是真正有责任感和忠诚于公司的人才。"

　　小陈从一个刚刚毕业的大学生晋升为负责技术监督的工程师，实现了职业生涯的一次飞跃，这来自于他对工作的一种强烈的责任感，他的这种责任感让领导者认为可以对他委以重任。

　　假如说你的老板让你去传达某一项命令或者指示，但是你却发现这样或许会大大影响公司利益，那么你也就一定要理直气壮地提出来，不必去想你的意见或许能让你的老板大为恼火或者就此冲撞了你的老板。但是你一定要大胆地说出你的想法，让你的老板明白，作为员工的你不是在唯唯诺诺地执行他的命令，你始终都是在斟酌考虑，考虑怎样做才能更好地维护公司的利益和他的利益。老板不会因为你的责任感和忠诚而批评或者责难你。相反，你的老板一定会因为你的这种责任感而对你青睐有加。这种职业的责任感会让你成为一个值得信赖的人，你将会被委以重任，而且永远不会失业。

# 第四篇

# 打造自己的核心竞争力

市场竞争日益激烈,每个人都面临严酷的考验。简单来说,一个人没有专长很难成功。所以我们一定要塑造良好的工作心态,明白自己的竞争力在哪里,对自己的优势和劣势有清楚的认识。在未来的工作生活中,通过学习,突破过去的盲点和障碍,端正态度,明确人生的追求,不断提升个人的核心竞争力。

# 第9章　让自己成为不可替代的

一个成功的公司之所以能在市场竞争中立足，说明它必然有着其他公司所不能替代的功用。对于一个人来说也是如此，只有让自己具有某种不可替代的功用，才不会让自己在某天被扫地出门。

## 不要让自己变得可有可无

一个人可以聪明绝顶、能力过人，但若不懂得积极热心地来培养和谐的合作关系，其结果往往是事倍功半。

小沈是一家计算机公司的工程师，工作一段时间后在公司人事精简时被裁，他既感到难受又很疑惑。心里总是琢磨：我又没做错什么事，经理为什么把我给解雇了？

同事小李提醒道："是不是你哪里做得不够好。有一次，经理让你指导业务部门使用计算机，可是你正在无所事事的时候被他看到了？"

"我怎么没干事？只是那会儿大家刚好都没有问题，我也就上了一会儿网。而且还是随时待命呢。一旦有人发问，我可是立即就去的。"小沈反驳道。

"也是很奇怪，"同事小李应和道，"经理留下来的那位工程师，那天正好帮助一个部门的人修计算机，结果修得整台计算机报废掉，可他却留下来了，把你给裁了，真说不过去！"

"你有冒犯过谁吗?是不是得罪人了,被人打小报告了?"同事小李又问。

"记得吗?信息部的那个主管好像对你有些意见,"小李接着说,"记得吗?有一次他自己把电脑弄坏了,却把责任推到你身上。"

"但那次经理还为我说话,他也清楚那是主管的错。"小沈回答道。

他们徒劳无功地说了半个小时,同事小李说:"要不你就直接去问问,到底为什么。"

"但是,"小沈犹豫了起来,"没看有人这样做过,这样做好吗?裁员还会有什么理由?是不是有点儿自取其辱?"

"如果真有错,问清楚了,下次不就可以避免了吗?对今后也有好处。"同事小李说。

回家后,工程师小沈还在琢磨同事小李的话,最终觉得他的话有道理,而且也是耐不住心里的不满和疑惑,于是决定找经理谈一谈。

"我了解公司为了精简编制进行了这次裁员,但是我想了解一下我被裁掉的具体原因。我自己还是很难把裁员和我本身的表现联系在一起的。"小沈将自己在内心排练好久的话一下子全讲了出来,"还请经理能对我表现不好的地方给予指出,我也是希望能够有所改进,至少在下一份工作中不会犯一样的错误。"

经理愣了一下,之后竟露出赞许的表情:"你要是以前工作时能够这么主动积极,那今天裁掉的肯定不会是你。"

听了经理的话,小沈被说愣了,不知所措地看着他。

"其实,你还是很有能力的,所有工程师里你的专业知识很强,也没犯过什么重大过失,但是你主观意识太重,缺乏合作精神。在团队中,不懂得主动地沟通、合作,就会使团队必须费心协调。即使个人能力很好,但有可能会成为团队进步的阻力,"经理反问他,"你在我这个位子,你会怎么办?"

"但是我并不是难以沟通的人啊!"小沈不服气地说。"没错,可是与周围同事比较的话,以5分为满分,在热心和积极性方面,你会给自己几分?"经理问。

"我明白了。"小沈自言道,心想自己原来是个"可有可无"的员工。"你的专业知识是你的优势,但如果你积极热心,并且能够借着合作来推动团队的发展,那你的贡献和成就则更大。"接下来的半小时,小沈虚心地听着经理给他的宝贵建议。

小沈还是很满足,因为自己最后的勇气,使自己明白了缺点在哪里,而不是因为被解雇而躲起来怨天尤人。而且通过这件事经理对小沈很是赞赏,于是给他介绍了另一份工作。

通过同事的提醒和经理的点拨,小沈很快意识到自己的问题——缺乏主动合作。同时,小沈也因为主动地与经理交流而得到了经理的资源——给他介绍了一份工作。这个故事告诉我们,主动关心别人的需求。而当别人感到被关心时也会付出相对的善意,分享自己的资源。

合作关系是人与人之间最宝贵的资源,但在工作中我们常常会忽视掉它。实际工作中,我们会看到不积极热心的人往往在干被吩咐的工作;愿意付出的人却总是能带动团体,发挥众人的力量,正所谓众人拾柴火焰高。

## 谁与争锋,努力让自己变得不可替代

黄金在人类心目中具有崇高的地位,被视为财富的象征。在那遥远的过去,人类曾使用贝壳充当货币,后来又用铜币、铁币取代它。近代以来,随着纸币的通行,铜币、铁币也逐渐隐退。到今天,纸币的作用又逐渐被所谓的"电子货币"削弱。但是,直到今天,黄金仍是世界各国公认的国际性货币。

黄金究竟凭何独特之处博得人类如此的青睐呢？

质地坚硬，色泽诱人，世间稀有，稳定性高，等等。著名经济学家凯恩斯说："黄金在我们的制度中具有重要作用，它作为最后的卫兵和紧急需要时的储备金，还没有任何其他的东西可以替代它。"黄金之所以地位崇高，因为它不可替代。

人类社会何尝不是如此。在职场，能做个优秀员工已不容易，要让自己优秀到不可替代，这绝对是一种高度。要想达到这个高度，需要拥有更多的智慧，付出更多的汗水。俗语讲，"是金子总会发光"，具有"不可替代性"的员工，一定会迎来人生的辉煌。

那么，请你问一下自己，你的工作环境里，你是不可替代的人吗？这个问题非常重要，尽管在现实中极容易被忽视，但它关系到每位职场中人的命运。

日本东芝株式会社社长士光敏夫说过一句有名的话："为了事业的人请来，为了薪水的人请走。"

为薪水而工作的"按钮式"的员工其实到处都有。在他们眼里，工作无非是一种简单的雇佣关系。做好一点，做坏一点；多做一点，少做一点，跟自己都没有多大关系。为了事业的人，会持有责任感、忠诚心、进取心，会将工作当成生命中重要的事业和进程，会为公司创造不菲的价值。

杰克·韦尔奇曾表示："即使工作成绩出色，但如果不认同公司的价值观，那么这样的人才公司也不会要。"为了事业而努力工作的人则不同，他们会像老板那样思考，这意味着他们认同公司的价值观。

一个公司内最优秀的、不可替代的员工，不光是为老板打工，更不仅仅是为了薪水打工，而是为自己的目标、自己的梦想而打工，他们把公司的事当成自己的事，全力以赴地去完成。任何秉持这个信念的人，努力不懈，最后一定会成为一个优秀的打工者，也一定能实现更高更远的目标。

# 成为上司离不开的人

对于每一个职场中人来说，上司都是无法逃避而且必须要真正面对的人。大家都知道，与上司相处，是一件非常艰难的事情。尤其是在下面这种情况下，你和你的上司完全是两种人，思维方式和行为方式都格格不入时，应该怎么办？是让他迁就你，还是你去迁就他呢？毫无疑问，答案是后者。

还是多想想那句老话：多看看对方的优点！你应该从上司身上寻找更多的闪光点，然后尽你所能，去全力支持他的工作。在潜移默化中，上司也会受到你的影响。经过一段时间的磨合，你们或许就能相处得不错了。

要想和上司搞好关系，并且得到上司的赏识，成为他离不开的人，你就必须不断表现出自己的工作能力。凡是在你的上司看得到的地方，你都要努力去做。在他看不到的地方，你同样也要努力。你应该相信，上司在时刻关注着你，你尽职尽责的表现，上司总会注意得到。一旦成为上司离不开的人，就证明你已经接近或达到不可替代的境界了。

作为全球零售业的巨头，沃尔玛公司是一个非常重视发挥团队精神的公司，公司对员工最基本的要求，就是要服从上司的指令。

沃尔玛亚洲事务主管的私人助理，是一位善解人意的年轻人，总能第一时间领会主管的意图，所以很受主管的倚重。在工作上，每天的日程表、记录、会议安排，助理都按照主管的意图，妥善安排，让主管工作得更省心、更高效。

不仅如此，对于主管生活上的小细节，这位助理也总是想得很周到。由于主管健康状况不佳，他就与主管的私人医生保持密切联系，随身带着一些必备的药品。他还着意了解主管的习惯和爱好，安排好主管的饮食起居。一次，主管出差来到日本东京，一进下榻酒店的房间，就惊喜地发现窗帘是自己最喜欢的米黄色，床上则摆着自己平时习惯用的那种枕头——原来，助理早在两天前预订房间时，就已安排好了一切。

后来有一次，这位助理出差到美国去处理一些事务。他刚走没两天，主管就感到很不习惯，他对一个下属抱怨说："他这一走，我就像失去了右手，只能用笨拙的左手来工作，这可真是要命!"最后，在主管的频频催促下，助理迅速处理完了美国的事务，返回亚洲。

后来，主管因健康的原因辞去了工作。在他的极力推荐下，年轻的助理接替了他的职位。

"上司最离不开你"，这是彰显员工价值的一个很重要的标准。在秘书、助理等职位上，这一点尤为重要。下面，让我们来看看林肯和他的秘书的故事，或许会对所有下属都有所启发。

众所周知，林肯是美国历史上最伟大的总统之一。然而，很少有人听到过尼古拉这个名字。其实在美国历史上，尼古拉有个外号，叫做"林肯的影子"。

1857年，尼古拉担任了伊利诺伊州的书记员。他的职责之一就是照管当地的图书馆。而当时的林肯只是个小有名气的律师，虽然已经开始参政，但并不顺利。为了获得更多的知识，林肯每天都泡在图书馆里学习。他学习的图书馆恰好是尼古拉照管的那家，于是两人在此相识并一见如故。

第二年，林肯被提名为共和党参议院候选人，但由于缺乏经验等原因，竞选失败了。尼古拉觉得林肯很有潜力，鼓励林肯向白宫进军，而他本人则表示愿意追随林肯。这一次，林肯击败了党内对手，成为共和党的总统候选人，头脑聪明、能力出众的尼古拉成为林肯的私人秘书。在竞选期间，林肯每天都要在家里接待各种来访者，尼古拉积极帮他招待访客，后来干脆住到林肯家里。林肯的生活一直不阔绰，给尼古拉的薪水非常微薄，但尼古拉从不计较，依然全身心地投入到工作中。

于是，在尼古拉的帮助下，林肯成为美国第16任总统。当林肯入主白宫的时候，尼古拉也接到了总统私人秘书的委任令。当时，由于南北矛盾激化，白宫的管理很混乱，多亏尼古拉尽心竭力，让白宫的各项事务都走上正轨，变得秩序井然。

在白宫，尼古拉的办公室与林肯的办公室相邻，林肯还特意在桌上装了一个拉铃，以便随时传唤尼古拉。但经常出现的一幕不是尼古拉到林肯的办公室汇报工作，而是林肯敲响尼古拉办公室的门，请求得到他的帮助。

林肯经常会收到大量的信件，但其实，其中只有小部分能被总统看到。如果那些写信的人幸运地收到了回信，一般会在信的开头读到"总统授意……"的字样，但实际上回信的是尼古拉。只有个别重要的信，是他在和林肯协商后回复的。

对于总统秘书这种越俎代庖的做法，一些人曾经很反感，有人甚至写信给林肯，告发尼古拉，这封信自然也落到尼古拉的手里。尼古拉生气地对告发者说，总统精力有限，没工夫阅读所有的信件，难道要总统成为抄写员或接待员？林肯对尼古拉的这种行为并不反感，甚至颇为赞赏。于是，任何时候推开尼古拉办公室的门，都能看到他埋着头，在阅读一大堆信件。他还专门准备了两个大柳条筐，放在办公桌的两边，专门装那些惹人讨厌的信件。

虽然林肯非常倚重尼古拉，但是当时总统秘书这一职位还不是很受重视，很多人以为那不过是个抄抄写写的职位而已。尼古拉的工资始终只有2500美元，他也曾向周围的人抱怨，做白宫秘书就像在服"苦役"，但一有新的任务，他便马上调整好情绪，精神焕发地前去处理。

无论什么场合，尼古拉几乎总是出现在林肯身边，这甚至引起了林肯夫人的忌妒。"林肯的影子"这一绰号，也就这么叫开了。

今天，很多美国学者都认为，不论对林肯个人还是对白宫来说，尼古拉都是个不可或缺的人物。拿他代林肯总统处理信件为例，看上去确实有

"越俎代庖"的嫌疑，但实际上大大分担了林肯的压力，让林肯有更多时间和精力处理国家大事。而尼古拉的天才在于，他很清楚哪些信件必须让总统过目，而哪些信根本就无须对总统提起。总统与他的私人秘书之间，达成了一种在他人看来很难理解的默契。

# 磨炼自己，让自己从石头变成金子

给自己定一个目标，目标要高于现实但要可以实现。然后自己努力去实现，并记下每天的点滴进步，经常回顾自己进步的记录，在达到阶段性目标的时候奖励一下自己，增加愉快的体验。

完善自己的过程，也可以说是磨炼自己的过程。让自己从石头变成金子，发出自己的光芒。

在磨炼自己的过程中，要不怕困难。无论什么目标，或是学习或是工作，包括弹琴和绘画。在实现过程中，都是困难重重。但是困难就像纸老虎，你弱它就强，你强它就弱。克服困难，战胜困难是磨炼自己过程中的必然条件。

杨同学家境贫寒，高三时，他每天复习功课，都学习到深夜，第二天早上不到 5 点就起床了。在高三那样压抑的备考环境下，他没有回过一次家。半夜看书为了保持清醒，每天都会洗冷水澡，即使冬天也不例外。

凭着这份毅力，他欣喜地踏进了某大学的校门，成为国家级重点学科财政学的一名学生。

在学校，为了磨炼自己同时减轻家庭负担，暑假他到建筑工地做工人。每天将近 14 个小时的工作，建筑工地里的钢筋在露天地里晒得烫手，即使戴上手套也没有用。每天只有面条和馒头，住宿条件也相当差，每当下起暴雨时，大家还要排水。在工地短短的两个月，他就瘦了 20 多斤。但是他还是坚持了下来。回到学校后，他更加坚定了自己的信念："金子一定会发光！"

你应该注意你身边特别有毅力的人，在心里将他作为榜样。时常提醒自己，提醒自己在工作或者生活中要付出比他更大的毅力。抓住目标最主要最优秀的东西，不做则已，做就做到最好。

毅力不是生来就有的，而是从磨砺、锻炼中得到的。

那我们如何培养毅力呢？

持之以恒。毅力的表现在办任何事情都要善始善终，不半途而废。三天打鱼，两天晒网终不能成大事。

不惧失败。俗话说："失败是成功之母。"有的人遭到失败后沮丧而且斗志全无，到最后一败涂地。而有的人失败后从不气馁，从哪摔倒从哪爬起来，吸取经验，继续奋战。

屏蔽外界干扰。在我们四周的环境里，总有人和事会干扰到我们，甚至带有消极的信息。我们要学会屏蔽这些干扰。当然这时如果你依然能在自己的事情上聚精会神，证明你的毅力不错。

克服懒惰。年轻人要培养毅力，主要还是从小事做起，克服自己的惰性。比如，晨练，遇到恶劣的天气，依然坚持运动，不退缩。反之，如果每天对自己迁就，就会变得更加懒惰，毅力的培养功亏一篑。

从心理学方面来说，毅力的磨炼还可以从以下几个方面进行：

信心。一个人对自己充满信心，才会不懈奋斗，积极克服困难，战胜挫折。信心起到了至关重要的作用。因此要有毅力，一定要树立信心。

愿望。人们一切活动的出发点都源于愿望。愿望就像蜡烛的火焰，弱小的愿望很容易熄灭，行动起来很难坚持。强烈的愿望则能抵挡风浪，坚持不懈。因此，顽强的毅力是与强烈的愿望联系在一起的。

目标。目标可以确定人们的行动方向。有些人虽然有愿望，但缺乏明确的目标来体现这种愿望。从而不能使思想、行动统一，工作的效率低下。久而久之会丧失方向、丧失毅力。而明确的目标，使人们的毅力大为增加。

另外,目标的价值大小,对毅力也很有影响。

计划。需要针对目标制订出实施计划,人们需要按照计划行动。否则,对于目标,人们仍然茫然,无从下手。有了计划,人们可以按照计划有条不紊地进行作业。经过精心地计划,胸有成竹,从而有信心和毅力。

接下来,就要积极行动,犹如登山,站着不动,永远到达不了顶峰。要在选择登山路径之后,就立即行动,只有行动带你征服山顶。多走一步,就会多一份信心,就会多产生一份毅力。行动,要保持行动,这是最佳的选择。

总之,毅力受到许多因素的制约。这些因素包括信心、愿望、目标,计划,行动等,其中一个环节做不好,都会影响毅力的强弱,并影响最终能否成功。毅力不是一朝一夕培养出来的,毅力是持之以恒的基础,要学会持久,你就得要会坚持,能吃苦,最好能定一个明确的目标来鼓舞自己。

## 除了你自己,没有谁可以贬低你的价值

现代社会越来越强调人际互动交流,仅靠一己之力去开辟一个新的生活空间,或者做好本职工作就脱颖而出,显得越来越不可能了。面对现实,我们就要大胆地说出并实践自己的想法和主张,展现自己的实力,尽一切可能去影响身边的人无论上司、同事还是下属,用自己的言语和行动影响他们,形成一个互动的集体。唯有自己昂首挺胸,在刀光剑影的职场里坚信自己的价值,才有机会出人头地。

现在职场竞争激烈,在刀光剑影的工作中,谁也不能自始至终陪伴你、鼓励你、帮助你。与你相伴走过人生的只有你自己,也只有你自己可以鼓励自己从根本上树立信心,迎接每一次挑战。

在工作中,你可能是个不起眼的小角色,不会引起别人丝毫注意。这种情况下,自信是你生存的唯一法宝。你应该积极主动地向前迈步,说出

话语:"我行,我可以!"然后积极地去为自己争取表现机会,譬如主动地真诚地帮助你的同事,替他出谋划策,解决一些难题。主动承担一些上司想要解决的问题,主持一个会议或一个方案的施行等,假如你做到了哪怕其中一点,你会越发有信心。同时,他人也会越发发现你的价值承认你的能力,你在工作中的位置就会发生显著的改变。

2001 年 5 月 20 日,美国一位名叫乔治·赫伯特的推销员,成功地把一把斧子推销给了小布什总统。一位记者在采访他的时候,他是这样说的:"我认为,把一把斧子推销给小布什总统是完全可能的,因为布什总统在得克萨斯州有一农场,里面长着许多树。于是我给他写了一封信,说:'有一次,我有幸参观您的农场,发现里面长着许多矢菊树,有些已经死掉,木质已变得松软。我想,您一定需要一把小斧头,虽然从您现在的体质来看,这种小斧头显然太轻,因此您仍然需要一把不甚锋利的老斧头。现在这儿正好有一把这样的斧头,他是我祖父留给我的,很适合砍伐枯树。假若您有兴趣的话,请按这封信所留的信箱,给予回复……'最后他就给我汇来了 15 美元。"布鲁金斯学会得知这一消息,把刻有"最伟大的推销员"的一只金靴子赠与了他。这是自 1975 年以来,该学会的一名学员成功地把一台微型录音机卖给尼克松后,又一学员跨过了如此高的门槛。

布鲁金斯学会以培养世界上最杰出的推销员著称于世。该学会有一个传统,在每期学员毕业时,都要设计一道最能体现推销员能力的题目,让学生去完成。

克林顿当政期间,他们出了这么一个题目:请把一条三角裤推销给现任总统。8 年间,有无数个学员为此绞尽脑汁,可是,最后都无功而返。克林顿卸任后,布鲁金斯学会把题目换成:请把一把斧子推销给小布什总统。

鉴于之前的失败与教训,许多学员知难而退,然而,乔治·赫伯特却做到了,并且没有花多少工夫。

布鲁金斯学会在表彰乔治·赫伯特的时候说："金靴子奖已空置了26年，虽然在这之间，我们学会培养了数以万计的推销员和数以百计的百万富翁，这只金靴子却没有授予他们。因为我们一直想寻找一个人，这个人不因有人说某一目标不能实现而放弃，不因某件事情难以办到而失去自信。"

乔治·赫伯特的故事发生后，布鲁金斯学会的网页上贴着这么一句格言："不是因为有些事情难以做到，我们才失去自信；而是因为我们失去了自信，有些事情才显得难以做到。"

自信在职场竞争中很是重要，而准确流畅的语言表达，对于提高自信心很有帮助。因此，一个能把自己的想法或愿望表述清晰、明白的人，那么他一定具有明确的目标和坚定的自信。同时，他的话语很能让别人对他产生信任感。

所以，现在就开口吧，无论对方是一个人还是一群人，你要试着把自己的心里话说出来。别在意对方的反应，只管自己是否把要说的话说得干脆。只要坚持不懈，一定会有收获，一定会渐渐充满自信，说话技巧也会大有长进。

另外，不但你的声音要自信，你的形体姿态也要充满自信，一个腰板笔直、衣着得体、生机勃勃的人，会容易受人尊重和欢迎。而且形体的自信会强化自己的语言自信，可以建立更良好的自我感觉，更加满怀信心。

同时，语言表达是衡量从业人员思维能力和表达能力的基本标准，也是考核职业竞争能力的重要标志。

# 第 10 章
# 不败的竞争力来自于不止步的创新精神

放眼现今社会中，每一个取得辉煌成就的公司，无不都是具备着充沛创新精神的公司，甚至有些公司一直以来都以创新精神作为公司的不变信仰来对待。在这样一个日新月异的社会，一个人、一个公司，都应该具备永不止步的创新精神，因为只有这样，才能跟得上这个时代的步伐。

## 永不满足于现状

不是第一就要努力成为第一，而即使你是第一，也永远可以做得更好。没有常胜将军，哪怕你是第一，你也会面临更多的挑战。这样的挑战来自于他人，同样也来自于自己。

一个人一旦满足于自己目前获得的成就，便失去了继续前进的动力，不再追求更高的目标。而在这个竞争日趋激烈的社会，不前进便意味着后退，就可能被无情地淘汰。一旦你停止前进，便会被别人所赶超。

从西点军校毕业的美国第 34 任总统艾森豪威尔认为：在这个世界上，没有什么比坚持不懈、不断进取对成功的意义更大。西点的著名名言也是这么说的："You will shape up or shake up"，即你要不断进取、发挥才能，否则将被淘汰。

"如果你们认为自己做得够好了，那么，微软离破产就只有 15 个月！"这是比尔·盖茨时常训诫员工的话。这话听起来有些耸人听闻，然而，细细品味，确实发人深省。

现在很多的职场人士对工作持有"只要称职就足够了"的态度，他们认为只要"差不多"就可以了，没有必要做到最好。然而，恰恰是这样的想法，让他们永远无法得到老板的青睐，永远难以获得提升自己的机会，甚至可能等到被解雇的通知单。

在查理进入麦克森公司的第三年，他没有接到公司续约的通知，反而接到了公司的解雇通知。查理非常不解，自从进入公司，他一向中规中矩，无论与上司还是同事相处都很有分寸，没有得罪过什么人，按照岗位职责来说，他绝对是一个称职的人，为什么要解雇自己呢？他找到经理询问缘由，经理说："确实，你是一个称职的员工，但这还不够，我们需要的是在这个岗位上能创造更多价值的卓越员工。"

查理的遭遇告诉我们，在工作中，仅仅称职是远远不够的，公司需要的是大量可以创造更多价值员工。满足于现状很容易成为温水中的青蛙，危险来临的时候浑然不觉。

很多员工在没有一点成绩的时候，刻苦努力，像老黄牛一样踏踏实实地劳作，但一旦取得一些成绩之后，就欣喜若狂、得意忘形。这种自我满足的心态只能让自己重新回到以前，甚至变得一塌糊涂。大家都知道乌龟和兔子赛跑的故事，兔子败就败在自满。因此我们必须提醒自己：工作中切忌自满！尤其不要被已有的成绩遮蔽了广阔的视野，从而失去奋斗向前的动力。

美国通用电气公司前总裁杰克·韦尔奇认为："员工的成功需要一系列的奋斗，需要克服一个又一个困难，而不会一蹴而就，但是拒绝自满可以创造奇迹。"不满足于现有成绩，就要敢于质疑自己的工作。

在通用电气公司的一次项目会议上，总经理让他的下属们针对自己的工作谈一些看法，有一个部门经理站起来慷慨陈词："我现在对自己所从事的这项工作产生一些怀疑。在这两年之中，在首席执行官的指导下，每个部门都接到了上百个项目，有许多项目都投入了大量人力资源和资金，但往往进行到中途便不了了之，这样下去，会毁了公司。我们难道不能抓一些大一点的项目？或者我们能不能为每一个部门分配一些不浪费人力资源和资金又能迅捷见到效益的项目？这些项目不必太多，只要能见到效益，又不会浪费我们的时间和精力，这对我们的发展有莫大的好处。"

这位经理的一番话，震动了总经理和坐在周围的各位部门经理，他们都为这位经理勇于负责的工作精神所感动。整个下午，大家放弃了原先开会的议题，针对这位经理所提出的问题，进行分组讨论，重新制定战略目标，结果经过重新调整战略规划，为公司节省了许多开支，加快了公司发展的步伐。

质疑自己的工作是完善自己工作的前提。很多人都满足于自己的工作状况，习惯于按照上司的安排埋头工作，不想学习，也不对自己的工作进行详细的思考，认为自己按照上司的指令，尽职尽责地努力工作了，纵然出现了失误和漏洞，也不关自己的事。其实，这也是一种不负责任的行为，时间长了，这种行为将会让自己的头脑中充满惰性，失去了创造的活力和创新的思想。

有些谨小慎微的员工认为，要想保住自己的一切，就要按照熟悉的一切工作，不要打破工作的秩序，也不可轻易尝试新的方法，更不要承接那些自己从来没有做过的事情，否则，就有可能被撞得头破血流。固然，循规蹈矩的人用大家习惯的做法处理自己的工作，一般不会犯大的错误。但仅做到不犯错误，是不能成为一名优秀员工的。

在现今这种竞争激烈的商业社会里，公司和个人都面临着巨大的压力，只有对公司持有认真负责态度的员工，在工作中不断质疑自己的工作，才能够帮助公司完善体系，适应市场变化，增强竞争力，推动公司向前发展。

除了敢于质疑自己的工作之外，还要让自己从"出色"做到"卓越"。在公司中，也普遍存在着这样一种人，他们认为自己做得可以了，当任务完成得不理想时，他们总是习惯说："我已经做得够好了。"

工作中习惯于说自己"做得够好了"的人是对工作不负责任，也是对自己不负责任。每个人的身上都蕴涵着无限的潜能，如果你能在心中给自己定一个较高的标准，激励自己不断超越自我，那么你就能摆脱平庸，走向卓越。

事实上，面对激烈的竞争，每个人都不应该满足于现状，要不断地超越平庸，追求完美，事物永远没有"够好"的时候，只有把它"做到最好"才能真正成功。这也是 500 强企业优秀员工的经验之谈。

当每个员工将"做到最好"变成一种习惯时，就能从中学到更多的知识，积累更多的经验，就能全身心投入工作的过程中找到快乐，并获得更多的回报。

当然，这种习惯或许不会有立竿见影的效果，但可以肯定的是，当把"我已经做得够好了"当成一种习惯时，其后果将可想而知——工作上投机取巧也许只会给你的上司和公司带来一点点的经济损失，但它将影响到你个人前途的发展。

## 勇于打破常规

习惯，是指人们对某事物过去时的常规认知。不可否认，人们在长期的社会实践和生活中形成的一些优良传统习惯，在一定的情况下具有合理的一面，值得他人借鉴或继承。但事物总是会发展变化的，一些传统习惯、历史经验的局限性会越变越大，往往会影响人们的创造力，甚至阻碍事业的发展。

切苹果一般总是以果蒂和果柄为点竖着落刀，一分为二。如果把它横放在桌上，然后拦腰切开，就会发现苹果里有一个清晰的五角形图案。这让人不免感叹,不少人吃了多年的苹果,却从来没有发现苹果里面竟然会有五角形图案,而仅仅换一种切法,就发现了鲜为人知的秘密。

创新的前提是不迷信"常规",理性地扬弃"习惯"。创新,就是对某些"常规"、"习惯"的质疑、否定、求异。安于故习、故步自封、因循守旧、自我陶醉,只能跟在他人之后亦步亦趋,根本不可能有真正的创新。即使有了新发明、新创造,也会因不合"常规"、"习惯"而夭折。

麦克·乔丹是美国宾夕法尼亚州一座停车场的电信技工。一天早上,调车场的线路因为偶发的事故,陷于混乱。

此时,他的上司还没上班,该怎么办?他并没有"当列车的通行受到阻碍时,应立即处理引起的混乱"这种权力。如果他胆大包天地发出命令,轻则可能卷铺盖走人,重则可能锒铛入狱。

一般人可能说:"这并不干我的事,何必自惹麻烦?"可是乔丹并不是平平之才,他并未畏缩旁观!

他私自下了一道命令,在文件上签了上司的名字。

当上司来到办公室时,线路已经整理得同从来没有发生过事故一般。这个见机行事的青年,因为露了漂亮的这一手,大受上司的称赞。

公司总裁听了报告,立即调他到总公司,升他数级,并委以重任。

工作中还经常会出现这样的情形,主持会议的领导是一个铁腕人物,大家因崇拜而磨灭了自己的见识,于是会议顺利进行。

"智者千虑,必有一失,愚者千虑,必有一得",当你谨慎地发现决议有问题,若按此办将来可能出大乱子,就应该鼓足勇气提出来。

要知道,你可能穷尽毕生努力,也不会得到别人的赏识,而抓住这个机会,你的能力和价值就会充分地展现在同事和领导面前,尤其是意见未采纳,人们更会在后来的失败中忆起你的表现,赞叹你的英明。

请务必谨记,看准了就说,千万不要顾忌面子。如果在这时你还想"我说出来大家会难堪的",那么说明你是一个注定没有什么作为的人。

# 不断尝试，不怕犯错

　　创新意味着从无到有，开风气之先，因而充满着风险和不确定性，有可能遭到挫折或失败，但风险往往又意味着机遇和未来。麦当劳连锁店的创始人克罗克认为："成就必须是在战胜了失败的可能、失败的风险后才能获得的东西。没有风险，就没有取得成就的骄傲。"所以，美国企业热情地鼓励尝试和冒险，积极支持员工的创新思想和创新行动，同时又能宽容地对待失败，甚至鼓励犯错误，以保护员工创新的热情和积极性。

　　托马斯·彼得斯和小罗伯特·沃特曼在《成功之路》中总结出的美国最成功公司"革新性文化"的8种品质中，"贵在行动"和"鼓励革新，容忍失败"就是其中的两项。

　　硅谷流传的名言是"It's ok to fail"（失败是可以的）。那里的企业普遍推崇的价值观就是"允许失败，但不允许不创新"、"要奖赏敢于冒风险的人，而不是惩罚那些因冒风险而失败的人"，以致有人认为，"失败是硅谷的第一优势"。

　　美国时代华纳公司的已故总裁史蒂夫·罗斯曾说过："在这个公司，你不犯错误就会被解雇。"

　　IBM公司一位高级负责人，曾经由于在创新工作中出现严重失误造成1千万美元的巨额损失。许多人提出应立即把他革职开除，而公司董事长却认为一时的失败是创新精神的"副产品"，如果继续给他工作的机会，他的进取心和才智有可能超过未受过挫折的人。

　　结果，这位创新失败的高级负责人不但没有被开除，反而被调任到同等重要的职务。公司董事长对此的解释是："如果将他开除，公司岂不是在他身上白花了一千万美元的学费？"后来，这位负责人确实为公司的发展作出了卓越的贡献。

当公司对待创新失败抱着宽容的态度时，它实际上已经成为一种理所当然的创新理念。

## 不要死守自己的专业

每个升入大学的学生都会选择某个专业作为自己大学时期奋斗的课程。然而，这些课程仅仅是一种简单的理论学习，是为踏入社会做铺垫的。如果你认为靠大学里所学到的知识改变命运的话，你就大错特错了。

这是加拿大一所大学毕业前的一次考核。在教学楼前，这群机械系大四的员工正在讨论几分钟后就要开始的考试。怀着对四年学校教育的肯定，他们觉得心理上早有准备，能征服外面的世界。他们的脸上显示出很有信心。在他们看来，即将进行的考试不过是轻而易举的事情。考官说可以带需要的教科书、参考书和笔记，只要求考试时不能彼此交头接耳。

校铃响了，他们鱼贯地走进教室。考官把考卷发下去，考生都眉开眼笑，因为他们注意到只有5个论述题。3个小时过去了，考官开始收集考卷。他们似乎不再有信心，他们脸上有可怕的表情。没有一个人说话。

而此时，考官手拿着考卷，面对着全班同学，并端详着面前考生担忧的脸，问道："有几个人把5个问题全答完了?"没有人举手。

"有几个人答完了4个?"仍旧没有人举手。

"3个，2个?"员工们在座位上焦躁不安起来。

"那么1个呢?一定有人做完了1个吧?"

仍然是沉默。

考官放下手中的考卷说："这正是我所预料的。我只是要加深你们的印象，即使你们已完成四年工程教育，但仍旧有许多有关工程的问题你们不知道。这些你们不能回答的问题，在日常操作中是非常普遍的。"于是，考官带着微笑说："这个科目你们都会及格，但要记住，虽然你们是优秀的毕业生,你们的教育才刚刚开始。"时间流逝,这位考官的名字已经模糊,但他的训诫却在员工们的心中永远闪亮。

如果大学毕业第一份工作跟你专业有关算你的福气,因为,你很快找到位置了。如果没有找到,如果你最初的工作跟专业无关,但也可能是崭新的机会,你可以学更多的超越你专业的东西。即便你的专业是管理学,在工作中真正应用起来的,都是实践出真知,所以你去做就行了。跟专业有点关系,其他都可以从头学,更何况现在是一个信息大爆炸的时代,知识结构与社会脱节的速度越来越快。

在此想告诉大家,现在不行的话未来还是行的,所以赶紧反思和总结,这对于职场持续发展最重要。

有些员工可能为一时的荣耀而故步自封,殊不知,在高速发展的社会环境里,今天你还是老板跟前的"红人",明天你就有可能要加入到求职大军的行列里去了。职场的成功,不在于我们过去曾经取得了多么令人羡慕的成绩,而在于我们是否能够获得职业生涯的可持续发展。

任何人都会面临职业危机,即使公司董事长、总经理也有被别人取代的可能。或许,整体而言,某一行业是朝阳产业,但大多数从业者都知道,任何行业都会有被淘汰者。因此,只有时刻具有危机意识才能获得职业生涯的可持续发展。

## 灵活变通工作中的"不可能"

创新不是被动行为,而应成为每个人的主动追求,做到"整天想着去发现"。要创新,就要求我们主动地去思考,去想办法。只有这样才能洞察创新的时机,把握创新的机遇。同时还要勇于提出问题,提出一个问题,便打开了一条思路,因为问题是创新的先导。企业家们经常讲,发现问题是水平,解决问题是能力。所以,我们要树立这样一种理念,善于质疑,善于提出问题,这本身就打开了创新之门。

要创新思维。创新思维就是不受常规和现成的思想约束,寻求对问题全新的、独特的解答方法的思维过程。在日常工作中,技术上的改进,小小的发明创造就是创新。服务观念的更新,服务项目的改变,千方百计满足客户的不同消费需求也是创新。

争做一名创新型员工,就要善于用新思维、新方法去解决工作中遇到的新情况、新问题,从而提高工作效率,提升服务质量。事实上,创新空间存在于每个地方、每个人、每件事上,凡是做出优异成绩的人,无不是创新的体现。

一天,一家建筑公司的经理突然收到一份账单,账单上所列的东西不是任何建筑器材,而是两只小白鼠。总经理不由心生疑惑:公司买两只小白鼠干什么?他有些生气,找到那个买小白鼠的员工询问:"你觉得小白鼠很好玩是吗?你为公司买两只小白鼠到底要做什么?"

员工并不急于为自己辩解,而是问了经理一个问题:"上周我们公司去修的那所房子,电线都安好了吗?""安好了。"经理没好气地说,"你问这个干吗?快说你买白鼠的原因。"

员工回答道:"我们要把电线穿过一根 10 米长但直径只有 25 厘米的管道,而且管道砌在砖石里,并且拐 4 个弯。当时,小赵和小邓费了很大劲把电线往里穿,却怎么也穿不进去。后来我想了一个好主意,到一个宠物店买来两只小白鼠,一公一母。然后把一根线绑在公鼠身上并把它放到管子的一端。另一名工作人员则把那只母鼠放到管子的另一端,并且逗它吱吱叫。当公鼠听到母鼠的叫声时,便会顺着管子跑去救它。公鼠顺着管子跑,身后的那根线也被拖着跑。我把电线拴在线上,小公鼠就拉着线和电线穿过了整个管道。"

经理听了恍然大悟,惊喜万分,他想不到这个员工原来这么聪明。从此,这个员工就成了经理身边的红人,一直被重用。

同样一件事,小赵和小邓想尽办法没能解决,而这名员工却轻而易举地把问题解决了。原因何在呢,那是因为他懂得用非常规的方法去解决一件用常规的方法无法解决的难题,要懂得巧干不蛮干。成功的秘诀很简单,就在于善于开动脑筋去想办法,用智慧去解决问题。

巧干是指在工作中懂得挖掘技巧,灵活解决问题的工作方法,它是一种解决问题和发明创造的能力,是一个人敏锐机智,灵活精明的反映,也是充满活力,随机应变的表现。

一个知名企业的老总时常这样对员工说:"我们的工作,并不是要你耗费体力,耗费时间去拼命,而是要你带着大脑去工作,要巧干,而不是蛮干。"这就是说,一个优秀员工应该勤于思考,善于动脑,分析问题和解决问题,找出巧妙的解决办法,而不是一味出蛮力。不论工作有多么繁忙,也要腾出时间来思考,找出最为省力有效的解决方案。

## 缜密观察,创新源于发现

有些人总抱怨自己找不到创新的机会,那是因为他们不会从细小处着手。

一些不起眼的细节,往往会激发创新的灵感,从而能够让一件简单的事情有超常规的突破。我们的产品或服务的最终享用者是客户,在任何情况下,都要十分重视客户的意见,从客户出发,换位思考,客户头脑中的想法常常能够成为我们改进产品或服务的创意来源,使我们收获许多平时想不到的意见。

石油大王洛克菲勒的成功是从思考如何节省一滴小小的焊接剂开始的。

洛克菲勒毕业后在一家石油公司工作。由于他学历不高,也没有什么技术,因此,老板只能安排他做一些相对简单的工作,那就是查看生产线上的石油罐盖是否自动焊接封好。洛克菲勒每天所做的工作就是注视一道工序：装满石油的桶罐通过传送带输送至旋转台上，焊接剂从上方自动滴下，沿着盖子滴转一圈，作业就算结束，油罐下线入库。

每天从清晨到黄昏，要过目几百罐石油，也不是件轻松的事。一周时间过去了，洛克菲勒就对这单调的工作厌烦至极。他觉得如果自己一辈子做这样的工作，无疑是浪费生命。他想过改行，却又找不到别的工作，只好坚持下去。他开始想自己是否可以找点事做呢？

有一天，他看着不断旋转的罐子发呆，突然有一个想法闪过脑海：这些罐子旋转一周，焊接剂都是滴落39滴，有没有什么办法使焊接剂减少几滴呢？这样可以为公司节省不少成本呢。他开始思考，眼前这简单至极的工作中，是否有什么地方可以改进。就这样，他开始寻找节省焊接剂的办法，在一番试验之后，他终于研制出37滴型焊接机，但是美中不足的是：该机焊出来的石油罐偶尔会漏油，质量缺乏保障。他的出发点原本是要节省石油，如今却又浪费了石油，这显然是得不偿失的。他没有灰心，开始思考如何改进方案，研制出更好的焊接机。

最终，他研制出了38滴型焊接机。公司对他的新发明非常满意，老板说，他简直没有想到一个做着如此简单工作的人能想出这么好的方法，真是一个奇迹。不久公司便生产出这种机器，采用的就是洛克菲勒的焊接方式。

洛克菲勒的新机器虽然只是节省了1滴焊接剂，但是这滴焊接剂每年为公司省的开支却有5亿美元。

职场就像战场，没有定律，只要你有一双善于发现的眼睛，不断开拓，取得领导的信任，很多新的工作领域就可以扩展。这就是很多企业之间相同的职能部门往往做的事情大相径庭的原因。

# 第11章　永远学习,让自己历久弥新

> 有些人认为学习是在校学生的事情,跟自己无关。其实学习是每时每刻都要做的事情,无论是一个人还是一个公司,如果没有了学习进取的精神,那么被淘汰出局就仅是个时间问题了。

## 善于在工作中学习

在一个公司里,员工只有不断在工作中充实自己、提升自己,才能更好地胜任自己的工作,在竞争中不被淘汰出局。

现在很多企业都为员工提供再教育和培训的机会,所以,要抓住这些难得的机会,争取成为公司的培训对象。为此,就要了解公司的一些计划和培训对象的条件,等等,一旦觉得自己合适,就毫不犹豫地去争取。上司对于这样的员工是非常欢迎的。

公司要求员工增强学习意愿,精进自己的工作技能,以免被远远地抛在后面。公司要建立成功基础,敦促并要求员工参加再教育或资格培训课程。公司应制订员工培训计划,培训的投资一般由公司作为人力资源开发的成本开支。

在公司不能满足员工的学习要求时,员工也不要闲下来,可以自掏腰包接受再教育。首选应是与工作密切相关的科目,除此之外,还可以考虑当下一些热门和自己感兴趣的科目,多学习多充电,以增加自己以后在职场中的竞争分量。

一切事物随着岁月的流逝都会不断折旧，人们赖以生存的知识、技能也一样会折旧。中国有句古话叫做："技多不压身。"但现实生活中，许多人总是以"生活太忙碌，没有时间"为借口。其实只要把工作和生活稍加安排，再忙也可以腾出许多时间。

在公司中，常常会听到有人抱怨薪水太低、怀才不遇，殊不知，自己正处于一个可以学习的地方，如果只是一味地抱怨，永远也不会有所长进，只有安心学习，在工作中不断提升自己，才能成就自我。

随着知识、技能更新得越来越快，公司的员工也会出现差异，那些平时善于学习的人会做得越来越好，而那些懒散、得过且过的员工的适应性会越来越差，最终被淘汰。

美国总统威尔逊说过："学习是终生的事业。"如今整个组织逐渐向开放的学习型组织转变，任何一个员工都有必要培养和提高自己的学习技能，学习业务知识，不断拓宽知识面，从多方面丰富、提高自己，成为学习型的员工。

企业外的世界不断变迁，企业内的人员也要跟着改变。企业需要员工掌握新技巧，以便在新的工作环境中有突出的表现，即使最令人满意的企业也不能凭着过去的成功驶向未来。每位员工都必须检视自己对变迁的反应，没有人能够退居一角只做旁观者。

## 虚心求教，永不满足

培根曾说："不满是向上的车轮。"的确如此，人应永不满足，生命的过程就是一个不断自我超越的过程。要想永远立于不败之地，就要虚心学习，永不满足。

公司对于缺乏学习意愿的员工是很无情的，不具备竞争的优势，就要被无情地淘汰。在公司里经常会有这样的情形：自认为学识广博的员工往往只会停滞不前。

对于一名企业的员工来说也一样，只有虚心向比自己优秀的人学习求教，才能使自己不断进步和提高，如果仅仅满足于自己现有的知识水平和技能，那么早晚有一天会被别人赶超。

毕业于西点军校的埃里克·霍弗将军曾说："没有哪个人可以永远独占鳌头，在瞬息万变的世界里，唯有虚心学习的人才能够掌握未来。"

不管你是谁，都不能停下学习的脚步，必须时刻关注自己的职业生涯，而且必须要不断投注心力，否则，工作就无法有所突破，终将陷入日复一日重复的陷阱里。维系成功的唯一办法就是虚心求教，永不满足，并且在新的方向上不断探寻、成长。

对于很多人来说，学习并不是什么难事。向书本学习，向朋友学习，甚至向竞争对手学习，这些已经成了不少人的良好习惯。对于一名优秀的企业员工来说，高效的学习习惯在当今社会显得尤为重要。

西门子正是顺应了这一潮流，虚心吸纳对手的长处，在学习中竞争，才形成了自己的优势，并始终保持着前进的动力。

在西门子公司的车间里，有一位从农村来的小伙子，在车间里做些杂活。这个小伙子憨憨的，平时也不爱说话，每天只是闷头干活。

员工们平时在工作之余会坐在一起聊天，说些笑话，或者打闹一番，但这个小伙子却很少在休息时间里与人聊天，他总是站在一些生产设备前看个不停，一会儿动动这儿，一会儿摸摸那儿，即使说话，也是问工人一些生产的问题，有时候还饶有兴趣地和工人讨论一些产品生产中的问题。

他的行为起初遭到了同事们的嘲笑和不屑："难道你还想做技术工人不成？"但他每次对这样的嘲笑和奚落却只是笑笑而并不在意。

没想到，两个月后的一天，车间的一台机器出了问题，技术师傅忙了半天也没修好，小伙子过来摆弄了一会儿，机器居然又正常运转了，这让所有人大吃一惊。原来，小伙子已经在这两个月中学习了产品生产的全过程，并且对机器的操作也非常熟练了。

主管对他的学习精神非常欣赏，很快就把他提升为生产小组的负责人。然而小伙子对此并不满足，依然像原来一样，抓住各种机会学习，在学习了产品生产和其他知识的同时，还自学了外语，并每个月自费去总部参加培训。

如此半年后，这个小伙子成了总公司生产制造部的主管，两年以后又提升为经理，深得总裁信赖。

西门子时刻都在提醒着自己的员工：你需要不断学习，通过学习新知识来提升自己，适应企业的发展。西门子也非常重视一个员工的学习能力，并努力创造条件让员工去主动学习，把学习当成一种习惯。

学习，是人一生中一项最重要的投资，一项伴随终生的最有效、最划算、最安全的投资，任何一项投资都比不上它。

富兰克林说过："花钱求学问，是一本万利的投资，如果有谁能把所有的学问都装进脑袋中，那就绝对没有人能把它拿走了！"

在所有的能力当中，学习能力应该是人才应具备的各种能力的核心，如果没有了学习能力，人的思维就会出现僵化，最终被新知识、新观念所淘汰。

在现在的职场上，不管从事的是哪个行业，没有知识总是愚蠢和可怕的，因为这将意味着你丧失继续前进的动力，意味着你很难对周围不断发展的事物进行理性的分析和理解，意味着你将失去人生的方向，逐渐被更多掌握新知识和拥有新技能的人所取代。

# 不断学习,掌握新知识、新技能

狼在充满变幻、充满竞争的自然界中,只有通过不断地学习,增强自己的生存能力。职场中的我们更需要不断学习,增强能力,才能在瞬息万变的职场中找到属于自己的一片天地。

现代世界的知识有两大特点:一是知识量大,积累多,多得叫人眼花缭乱,目不暇接;二是增长快,发展快,快得千变万化,日新月异,任何一项知识和技术都只有暂时性的意义。这两项也会导致人才资本的折旧速度大为加快。

在知识经济中,每个人获取到的知识多少很大程度上取决于个人的学习能力,所以,形成自身的知识生产能力成为至高无上的任务。从这个意义上说,未来的"文盲"不是不识字的人,而是不会学习的人。

竞争在加剧,实力和能力的打拼将越来越激烈。谁不去学习,谁就不能提高自己的能力,谁就会落后。职场中有些人,不去学习,不去提高自己的能力,而是去抱怨公司、老板对自己的不够重视。实际上,问题出在你自己身上,你不养成学习的习惯,不提高自己的工作能力,老板怎么会青睐你呢?

现在找一份满意的工作不容易,能"站住脚"更难。如果不能在工作中不断地学习,以提高自己的知识和能力,如果不能应付自己的工作,不能为公司创造更大的价值,老板也会为了公司的利益,把你扫地出门。

要想在激烈竞争的职场中胜出,就必须在工作中不断学习,不断地吸取,以新的技能来支持你的成功。创新性学习就是一个很好的学习模式,值得大家借鉴。

创新性学习是一种能带来变化、更新、重组和重新提出问题的学习形式,能使个人和社会在急剧变革中具有应付能力和对突变提前做好准备,是解决个人和社会问题的重要手段。

通过创新学习,使学习者既具有自主性,即尽可能地自力更生和摆脱依赖,又具有介入更广阔的人际关系、与他人合作、理解和认识自身所在大系统的整体性能力。

作为一个员工,只有在工作中不断学习,才能提高自己的能力,不论你处于职业生涯的哪个阶段,学习的脚步都不能有所停歇,学习的目标是为了更好地工作。你要好好自我监督,别让自己的技能落在时代的后头。你的知识对于所服务的公司而言是最有价值的宝库。

当然,在工作中不断学习不一定非要脱离现在的工作。只要你想学习,用心投入,在工作实践中也能学到很多极有价值的东西。也就是说,若你热爱自己的工作,随时都可以在身边发现值得学习的东西,那些往往是最有用的、最适合你的学习内容。

不断给自己充电。过去那种在大学几年学习一次性"充足电",然后一生在工作岗位上"放电"的时代已经不复存在,你必须不停地为自己"充电",及时地使自己的知识、能力得到更新和优化,才能成为与时俱进的人才。

若你已在职场打拼多年,并取得了不凡的成绩。也许你已年过三十或者四十,这时,你是否觉察到,最先走下坡路的不只是你的健康,还有你的脑袋。看一看你有没有以下的这些表现:

——慢慢地感觉到力不从心,所学的知识有些不够用;

——难以完成比较有挑战性的工作;

——缺乏有创意的提议和看法。

——对许多新兴事物,比如新版的电脑软件一窍不通;

——很难与公司的新人达成工作上的共识。

如果你有上述的一种或几种表现,就意味着你前进的路上已经亮起了红灯,你的知识储备和工作能力已经在走下坡路了,就算你有再强的承受压力和困难的能力，也不能帮你走完旅程。这时最需要的就是给自己充充电，给自己补充养料。

南方某个招聘网站做过这样一个调查："新的一年中你有什么职场心愿？"在接受调查的人中，有70%以上的人选择了"充电、学习、提高能力"。同样，另外一家网站也进行了一项类似的网上调查，调查的问题是："在新的一年里，你除了工作以外，最想做的一件事是什么？"有55%的人选择了"充电学习，提高能力"。通过这两项民意调查，我们从中不难看出，在一定意义上，在工作中不断地充电学习，已经成为现代人的一种生活方式，所以有相关的人士认为，如果说个人充电行为在前几年只是一部分职业人在某一阶段的行为取向，那么今天的充电几乎已成了职场人的终身行为。

在职场中，每位员工都要从工作需要出发，有意识地找准最佳组合点，选择最适合自己的充电途径，才能适应不断变化的环境，实现充电的最佳效益，最终拥有驰骋职场、决胜商场的能力。

## 把知识转化为能力是学习的最高境界

一个人只有知识是不行的，必须学会把知识转化为能力。知识只是一种积累，而能力才是最有价值的东西。

美国时代华纳公司的董事长理查德·芝罗认为："仅仅学习是不能把任何人带到高职位的，懂得将知识转化为能量是当今商界领导人必备的能力。"高学历、高分数只能说明你本身聪明，在掌握知识方面的能力超然卓越，但是仅有知识是不够的，能把知识转化为能力才是学习的最高境界。

纵使拥有许多过人的知识，但是实战远比想象中的要复杂。我们不仅要掌握知识，更要在实践中将知识转化为能力。丰富的经验也是成大事者不可或缺的资本，特别是年轻人，由于涉世未深，他们的经验一般较少，这就要求他们不但要注意书本知识的积累，也要注重现实生活中的知识积累。

时代的发展促使人们打破了往日对知识的理解。人们已经认识到，知识并不等于能力。21世纪对能力界限的新要求迫使人们重新审视自己所学的知识。但不管时代怎样发展，我们都应保持清醒的头脑，必须清晰明了地理解知识与能力的关系。培根提出"知识就是力量"口号以后，又明确地指出："各种学问并不把它们本身的用途教给我们，如何应用这些学问乃是学问以外、学问以上的一种智慧。"

要想正确地做到学以致用，应加强知识的学习和能力的培养，并把两者的关系调整到最佳位置，使知识与能力能够相得益彰，共同促进，发挥出前所未有的潜力和作用。要想做到学以致用，不仅应苦读与爱好、兴趣、职业有关的"有字之书"，同时还应该领悟生活中的"无字之书"。

在学习知识时，不但要让自己的头脑成为知识的仓库，还要让它成为知识的熔炉，把所学知识在熔炉中消化、吸收。结合所学的知识，参与学以致用的活动，提高自己运用知识的能力，使学习过程转变为提高能力、增长见识、创造价值的过程。

阅读"有字之书"可以学习前人积累的知识、前人的学以致用的经验，并从中借鉴，避免走弯路；读"无字之书"可以了解现实，认识世界，并从"创造历史"的人那里学到书本上没有的知识。

知识的作用只有在运用中才能发挥出来，这也正是成功者成大事的关键所在。要想将知识转化为真正的力量，转化为引导你走向成功的资本，就要养成良好的学以致用的习惯，从而使所学有所用，所学为你所用。

只要我们能够做到学以致用，便能在有限的时间内，阅读更多的书籍，取得意想不到的收获。学以致用可以用来检测知识的正确与否。书上的知识与实际结合若成功，便证明书上的知识是合理的；如果与实际结合失败了，那就说明书上的知识可能是不科学、不合理的。读书的目的就在于在实践中应用,在于指导人们的生活,读书若不与实际相联系,是毫无用处的。最为行之有效的读书方法便是理论与实际相结合。

如果你不以纸上或"有字之书"上的东西为满足,那么就应把书上的知识运用到实际中去,这样可培养沉稳的性情,可为社会创造财富,并在学以致用中获得更丰富的知识。

# 向竞争对手学习

对手是一面镜子,可以照见自己的缺陷。如果没有了对手,缺陷也不会自动消失。对手,可以让你时刻提醒自己,没有最好,只有更好。"终身学习"的观念已经成为一个共识,并且被多数人切身实践着。然而很多人在践行"终身学习"这一理念给自己充电的时候,往往忽视了一个重要的学习途径——向自己的竞争对手学习。

对于一个立志成功的人来说,培养向竞争对手学习的胸怀和习惯显得尤为重要。在当下这个资源共享、智慧共享已经成为现实和社会的发展趋势的时代,我们只有做到虚心吸纳对手的长处,在学习中竞争,在竞争中学习,才能不断形成自己的优势,始终保持前进的动力。

美国几所著名大学联合做过一个行为学的实验,目的在于找出人类采用何种处理问题和行动的方法才能最有效地获得成功,实验的参与者都是包括亚洲、北美、欧洲等地著名大学里的教授和博士。参与实验的人几人组成一个小组,针对特定的题目制订行动的计划和方法,一个评估委员会对实验的结果进行最终的评判。结果实验表明:通过模仿他人并在此基础上加入自己的想象力是最有效的行为方式。参与实验的研究人员说:模仿是几乎所有哺乳动物最基本的行为方式,即使像灵长类以及人类能够通过复杂的学习来掌握行为方式,模仿也同样是非常有效并且合理的一种行为策略。

这个实验所指的模仿并非单纯地照搬他人经验，而是通过他人的行为为自己提供一种灵感。从而激发自己选择一个更好的行为方式。通过模仿不同的人，我们就能对多种行为的策略作出比较，并且吸取各方面的优势，综合在一起并加上自己的创新，那么我们就会得出一个更加合理和有效的行为策略。从这一点我们就能看出，向竞争对手学习，尤其是向不同的竞争对手学习，对于我们行动的成功有着很大的益处。

20世纪60年代，在美国兴起了众多的零售商店，经过40多年的争斗搏杀，沃尔玛从美国中部阿肯色州的本顿维尔小城崛起，最终发展成为年收入2400多亿美元，商店总数达4000多家的大企业，创造了一个企业界的神话。沃尔玛的成功得益于其创始人沃尔顿先生积极向竞争对手学习的习惯。沃尔玛的竞争对手斯特林商店开始采用金属货架代替木制货架后，沃尔顿先生立刻请人制作了更漂亮的金属货架，并成为全美第一家百分之百使用金属货架的杂货店。沃尔玛的另一竞争对手富兰克特特许经营店实施自助销售时，沃尔顿先生连夜乘长途汽车到该店所在地明尼苏达州去考察，回来后开设了自助销售店，当时是全美第三家。

沃尔玛如今已是全球零售业排名第一，但其经营理念仍保持着"向竞争对手学习"。

要做到有效地向自己的竞争对手学习，吸取他们的长处，我们应该首先学会欣赏和理解你的竞争对手。欣赏对手的长处，以对手的长处弥补自己的短处，从而看到自己的不足，以谋求共同进步、共同发展。欣赏、理解、包容自己的对手，看淡结果的得与失，那么你的心也会因着这份平和而充满宁静和宽容。这样一来，在面对竞争对手的时候，你也可以微笑着、气定神闲地迎接挑战：胜利了，赢得辉煌；失败了，同样也可以让你学到很多东西。

一个人的力量是有限的，众人拾柴火焰高。一个人要想成就一番事业，必须学会整合多种资源、借用各家力量。这种整合不应只局限于合作关系中,在竞争关系中这种整合显得更加重要。因为你的竞争对手在从事和你相同或相似的工作,他们就是你的镜子。竞争对手是一面绝好的镜子,他们身上发生的事情正是你身上已经发生、正在发生或将要发生的事情,向竞争对手学习,可以让你认识自我进而突破自我,成就未来。

# 第五篇

# 合作，把自己的弱项外包出去

　　我们任何人在这个世界上都不是孤立存在的，都要和周围的人产生各种各样的关系。不论你从事什么职业，也不论你在何时何地，都离不开与别人的合作。哲学家威廉·詹姆斯曾经说过："如果你能够使别人乐意和你合作，不论做任何事情，你都可以无往不胜。"世界上有许多事情，只有通过人与人之间的相互合作才能完成。一个人学会了与别人合作，也就获得了打开成功之门的钥匙。所以，人们常说：小合作有小成就，大合作有大成就，不合作就很难有什么成就。

# 第12章　合作的终极原则就是:1+1>2

一个人的力量终究是有限的,各人有各人的优势,各人也有各人
的不足,如果我们能相互合作,精诚团结,那么也许两个人爆发的力量
会远远大于两个单一的个体。

## 团结就是生产力

合作是团体存在的基础,是团体得以高效运作的保证。合作可以使团
体产生正协同效应,使团队的产出远远大于单个成员工作的产出。一个成
功的团队,必定是一个合作良好的团队;合作是一切团体繁荣的根本,没
有团结就没有合作。

英国前自由党领袖 D.史提尔指出:合作是一切团体繁荣的根本。

团队就是有着互补技能的一群人,为了共同的目的,建立起一系列现
实的目标,并通过共同努力而达成。有效的团队往往是不同背景、不同部
门的人员组成的协作体,通过相互补充、相互激发而完成特定的任务,从
而提升士气和生产力。

苹果电脑公司招聘的办法是面谈。一个新来的人可能要到公司谈好
几次才会被录用。当对录用做出最后决定时,苹果电脑公司一般会把自己
的个人电脑产品——麦肯塔式机拿给他看,让他坐在机器跟前。如果他没
有显露不耐烦,苹果公司就说这可是一部挺棒的计算机来刺激他一下,目

的是让他的眼睛一下子亮起来，真正激动起来，通过这些来判断他和苹果电脑公司是否志同道合。

正是这些有着共同奋斗目标能够进行密切合作的一群人在支撑着苹果公司。也正是这种密切合作的文化氛围，造就了苹果计算机的一个又一个突破。

如今，在苹果电脑公司中，一切都要学习麦肯塔式的经验，每个制造新产品的小组都是按照麦肯塔式的模式来完成的。麦肯塔式的例子表明，当一个发明团队组成以后，怎样才能有效地完成任务，其办法就是分工负责，各尽其职。在麦肯塔式外壳中不为顾客所见的部分是全组的签名，苹果电脑公司的这一特殊做法的目的就是为每一个最新发明的创造者本人而不是给公司竖碑立传。成绩是大家的，但名誉可以归个人。这就是一个优秀合作团队的独到之处。

尺有所短，寸有所长。尺子有尺子的作用，剪刀有剪刀的作用，两者不能相互替代。

一天，橱柜里叮叮当当地响了起来。主人过去一看，原来碗和筷子打了起来，它们在争论用餐时候谁对主人的贡献大。主人说你们别吵了，一会儿你们就知道了。

到了吃饭的时候，主人先只拿了碗盛好饭，可是因为没有筷子，饭吃不到嘴里。然后又只拿了筷子，因为没有碗盛饭依然无法吃饭。这时主人对碗和筷子说："你们现在告诉我，谁的贡献大啊？"

碗和筷子都沉默了。

于是主人笑着又说："只有你俩合作，我才能把饭吃好，只有你们两个合作，你们的作用才能显现出来。"

故事中的碗和筷子就其本身而言，都有自己的特长。但如果"单枪匹马"，都不能很好地发挥出本身的作用。然而，一旦它们组成了一个相互协作的团队，就出现了取长补短的效果，会轻而易举地使主人满意。

想要成就一番事业，光靠自己一个人的努力是不够的。你应该从现在开始，就留心寻找那些将来有可能成为你的伙伴、臂膀或者能给你帮助的人。在这个竞争的社会里，人人都想彰显自己的能力，然而个人的能力往往是有限的。在一个大团队里，干好一项工作，往往不是依靠一个人的能力，关键是各成员间的团结协作配合。任何人都不能被忽视，团结大家就是提升自己；在帮助别人的同时也是在帮助自己，在教会别人的同时也会从别人的身上学到新的东西。特别是刚从校园里出来的毕业生，不可能独自承担一个项目，更需要融入团队，取长补短。在程序化、标准化极强的行业里，团队合作在很大程度上关系着企业发展的命脉。无法想象，一个只会自己工作、平时独来独往的人，能给企业带来怎样的效益。

团队合作已经越来越成为职业人士所必须具备的一种素质。无论是企业发展，还是个人发展，你都不能脱离团队，只有积极地融入团队，通力合作，才能取得更大的成绩。要知道，单兵作战的时代已经结束，团队时代已经来临了。

## 掌握合作的技巧

有效的合作能给自己，给他人带来共同的利益。在现实中，合作与合作中的技巧二者缺一不可。只讲合作，则毫无效率可讲；只讲技巧，则有可能拖累整个团队，最后功亏一篑。

有良好沟通能力的人，人们都愿意与他们合作；其实并不是是否有个好人缘的问题，而是合作中对合作技巧的掌握是否熟练的问题，也是人们良好习惯的体现。

合作的技巧其实很简单，就看你是否谦逊，是否能耐心听取不同的声音。如果总觉得自己如何了不起，而不去考虑别人的感受，是不会受到别人欢迎和喜欢的，当然就不会有"人缘儿"。

### 1.求同存异

求同存异，不但适合于国家之间的交往，也适用于我们个人之间的交往。和人相处，不能总是想着自己的想法和观点，要减少差异就要设身处地地为别人着想，以达成共识。为别人着想，就会产生同化，彼此间的关系就会更加融洽。把自己融进对方，设身处地地为别人着想，才能彼此达成共识。同化能使双方的关系更加融洽;转向能利用融洽的关系来改变互动的方式。同化是人们沟通立场、加深关系时用途很广的基本沟通技巧。

### 2.肢体语言

如果同合作者合作愉快的话，那么他们之间就有着某种默契，或者说有一种感应，他们彼此的动作、表情和神韵自然都会很相似。通常只有当你和别人相处融洽时，才会产生这种默契。通过这种体态语言的一致，你和你的交谈对象就完全进入了合作状态。

### 3.学会倾听

倾听是一门艺术，只有懂得并掌握这门艺术，才易于沟通、交流与合作。倾听时要保持注意力，随时注意对方谈话的重点，在对方兴致正浓的时候，你要用眼、手或简短的语言来加以反馈，尤其是要表达出你关注的内容正是对方谈话的要害所在。当然，你可以表达你的观点和不同的见解，但是，一定要注意，把握好其中的度。在知道别人准确意思前，不要急于提出自己的看法。等别人讲完，你完全明白他的意思后，自己再作评价。

### 4.要让对方具有被重视感

研究发现，人们都愿意得到别人的注意，给人以好印象。

科学家曾在一家工厂做过这样一个有趣的实验。最初改善了试验小组的照明条件，生产搞上去了。但是，后来把照明条件恢复到原样，生产仍然上去了。从而得知照明条件其实并没有什么特别的效果。以后又进行了缩短工时的试验，生产还是上升了，增加休息时间后，生产又上升了。以后，管理部门对试验小组又延长了劳动时间，这时的生产还是上升。尽管时间长了,但是工人们仍然辛勤劳动。看起来似乎没有什么特别的原因让工人们那么辛勤劳动。提供给他们的伙食,不论好坏,生产效率都提高了。最后,这个谜终于被解开了。那就是工人们因为被选为试验小组,从而产生了被重视感。而在这种被重视感和责任感的驱使下,工人们才有个强大的心理支撑,心理上获得了前所未有的优越感。这正是效率一直上升的原因所在。

### 5.学会换位思考

要争取得到对方的合作,就应站在对方的立场上为他考虑,从而调动其积极性。许多人往往只站在自己的立场上想问题,从来不关心对方的处境,这样的合作效率也就可想而知了。

### 6.发自内心的赞美

一位工作多年的监狱长曾经说过:"对于罪犯的努力给予适当的称赞,比严厉的批评与惩罚,能得到他更大的合作。"对于罪犯如此,对于合作伙伴也应如此,我们不应过于挑剔别人的行为,而应更多地看到别人的优点,即使是最微小的优点和进步,我们也要称赞,这比起责罚的做法要聪明得多。

### 7.以诚信为基础

合作,一个最基本的前提便是诚信。与人合作,守信是第一大原则。守信,会使人对你产生敬意,也因此会使人愿意公平地与你合作。和一个不守信用的人合作,考虑到有失信的危险,人们通常会把合作的费用提高,以防不测。

美国科学家发现,理论上,无论经过多少次博弈,人类行为合作的概率与不合作的概率总是近似相等的。但他们通过实际调查却发现,一旦有了一次或数次进行合作的良好诚信回忆,在以后的合作过程中,参与合作的双方总会或多或少地依靠记忆来主动寻找善于合作的伙伴。

# 把对手成功转化为朋友

没有永远的敌人。是的,在一个特定的竞争空间内,也许敌人就是敌人,但是,面对越来越复杂的竞争环境,不能总是抱着一种永远是敌人的态度来对待,相反,正是你的竞争对手给了你动力。在一定情况下,为什么不选择去和他做朋友呢?

1957 年名不见经传的约翰在一次小型演出中认识了 15 岁的保罗麦卡特尼,演出结束后保罗麦卡特尼批评约翰唱得不对,吉他弹得也不好。约翰很不服气,于是保罗麦卡特尼用左手弹了一段漂亮的吉他,向约翰展示了他的天才,而且他能记住所有的歌词,这令约翰很震惊。与其让这小子成为自己将来的敌人,还不如现在就邀请他入团。就在这一天,20 世纪最成功的音乐组合——披头士产生了。

约翰是聪明而有远见的,在面对将来的竞争对手时,他选择了做朋友,而不是敌人。

有时外在的威胁是虚幻的,它们只是我们自己内心深处恐惧的反应和表现,我们除了把威胁变为敌人,还可以去选择做朋友,这是一个比争斗更加光明的选择,它获得的是双方的和谐与共处。

每天,当太阳升起来的时候,狮子妈妈都会对自己的孩子说:"孩子,你必须跑得再快一点,你要是跑不过最慢的羚羊,你就会活活地饿死。"

另一幅画面上,羚羊妈妈也在教育自己的孩子:"孩子,你必须跑得再快一点,如果你不能跑得比最快的狮子还要快,那你就肯定会被它们吃掉。"

于是,几乎同时,羚羊和狮子一跃而起,迎着朝阳跑去。从某种意义上来讲,它们在生存上,也是一种朋友关系,不管你承认还是否认。

生命就是在赛跑,你跑得快,别人跑得更快!有时候,将我们送上领奖台的,不是我们的朋友,而是我们的对手。

孟子说:"人则无法家弼士,出则无敌国外患者,国恒亡。而后知生于忧患而死于安乐也。"这无不说明了一个简单的道理:人更需要朋友。朋友可以从感情上带来最好的鼓励,对手则可以从理智上带来最深的刺激。善用对手的刺激,可以激发人的潜能,从而获得成功,某种意义上也是另一种友谊。

有时候,表面上看来,你仅从对手身上看到了对你不利的一面。然而,仅仅是承受他带给你的压力,就是很宝贵的机会,可以对你的成长起到很大的助益。不要随便把对手视为敌人或仇人,情绪化地只看到不利于自己的一面,只有这样,我们才可以冷静地观察对方,客观地审视自己;也唯有这样,才能从交手的过程中学到东西。友谊并不是我们想当然的那样,很大程度上,对手带来的也是另一种珍贵的友谊。

但是,很多人却无法用理性的眼光看待自己的对手。在荣誉面前,往往只是看到自己的利益,只会一味地看到对手给自己带来阴暗的一面。于是身边常出现"既生瑜,何生亮"的感慨。殊不知,把对手转化为朋友,才能激发更好的潜能。相对来讲,有了对手,你便不得不奋发图强,不得不革故鼎新,不得不锐意进取,否则,就只有等着被吞并、被替代、被淘汰。所以说,把对手转化为朋友,是一种能力,也是一种魅力。

只有一个人的比赛是孤独的,只有敌人是痛苦的。所以,好好珍惜对手吧,谢谢他在人生的旅途中的陪伴,谢谢他一直激励着你勇往直前。你会发现:两个人的精彩更能创造奇迹,这样的友谊也可以长久。

# 第13章　团队意识——不可或缺的时代精神

如今的社会已经不是一个紧靠个人打拼就能胜利的社会，而如今的工作也不是靠一个人就能顺利完成的。合作，这是唯一的最好的办法，时刻有着团队意识，这是这个时代所不可或缺的精神。

## 真诚和尊重是合作的前提

一个优秀的团队对团队合作的理解并不是每一个成员做好自己分内的事情，整个团队就没有问题了，他们会非常注重个人与整体之间相互的影响。他们相信，真诚和尊重是合作的前提条件，没有这种团队精神作为前提，团队只是形同虚设。当然，现实中，每个人都希望被真诚相待，都希望能够得到别人的尊重。

人人都希望受到尊重，这是不分贫富贵贱的。尽管每个人的想法千差万别，但是尊重别人是一种最基本的素质。这种素质是别人喜欢你，愿意靠近你，愿意与你合作的前提。

富兰克林在青年时代就定下了一条规律，就是不用率直的言辞来作肯定的论断，而且在措辞方面，竭力地避免去抵触他人。不久，他觉得这种改变了的态度有着很大的好处，和人家谈起话来愈来愈融洽，而且这种谦逊的态度，极易使人接受，即使自己有了说错的地方，也不会受到怎样的屈辱了。

许多事业上卓有成就的人成功的原因是他懂得怎样与人交往。而其中最重要的一点，也即最有效的一点就是：让别人感到自己很重要，即真诚地对待对方。因为每个人都想获得来自他人的尊重，得到别人的重视。

罗斯福就是一位能使别人感受到自己存在和重要的人。凡是拜访过罗斯福的人，无不为他的人格魅力所折服。不管对方从事多么重要或卑微的工作，也不管对方有着什么样显赫或低下的地位，罗斯福和他们的谈话总能进行得非常顺利。

总统尚且如此，我们为何不肯承认别人的重要而去尊重别人呢？所以，要使他人真心地尊敬和喜欢你，非常乐意为你做事，最基本的就是要尊重和真诚地对待他人，让他产生一种被尊重感。在满足别人的重要感之后，再谈合作的事情，很多事情都会迎刃而解了。

据一些权威人士表示，现实中得不到满足的人总会试图在梦境中来寻找这种被尊重感。一家规模不小的精神病院的医生说："有不少人进入疯人院，是为了寻求他们在正常生活中无法获得的受重视的感觉。"人们为求受重视，连发疯都在所不惜，试想如果我们肯多给对方一分尊重、一些真诚的赞美，对他的影响该有多大？

在通常情况下，人们内心所想的东西，即使不用言语和肢体表现出来，也会被对方觉察体会出来。假如你对对方有反感之情，尽管你没有用言语表达出来，但是由于你这种心理的支配，多少会露出一些"蛛丝马迹"，被对方捕捉住，或被对方体察出来，不久，他对你也会产生厌恶之情的。这跟照镜子是一样的道理，你对它皱眉头，它也对你皱眉头，你对它露出笑脸，它也会还你一张同样的笑脸。同样地，如果我们怀着一颗真诚的心去肯定对方，对方也会同样会从内心感激你，用心回报你，直至将你所交代的事情做到完美为止。

佛里特银行董事长托马斯·多尔蒂说："平常对人的态度才是最重要的。每个人都希望被当作独特的个人。在我 30 年前加入银行界时如此，我相信即使 100 年后，这一点也是不会改变的。"

马云认为："最重要的是对人的尊重。即使像问好或说声'谢谢'这样的小事，也是表示对人的尊重。我认为创造出人们愿意努力工作的环境，本来就是管理者的职责。"只有当人们感受到被人尊重，并被当作一个独特的个体对待时，他们才会喜欢与你相处，愿意与你共事，合作便成了自然而然的事情。

我们可以从大部分成功的人的经验中看出，要维护他人的自尊，绝非一两次的表态可以奏效，它是由许多次日常接触所形成的一种过程。

总之，顾及他人的心态及立场，尊重他人的自尊，乃是相当重要的为人之道，也是促成合作不可或缺的要素之一。因此，尊重和真诚地对待对方，是合作的前提之一，也是最重要的前提之一。

## 沟通是解决问题更好的渠道

作为一名优秀的职场人，沟通显得尤为重要，良好的沟通能使事情更好、更快地解决。优秀的经营管理顾问考克斯曾说："团队管理者最需要做的就是发展和维系一个畅通的管理渠道。"

高效沟通是管理者必备的技能之一。管理者一方面要善于和更上一级沟通，另一方面还必须重视与下属的沟通。许多管理者缺乏主动与下属沟通的意识，总是喜欢发号施令，忽视沟通管理，到最后就会出现很多问题和矛盾。同样，员工也应该注重与主管领导的沟通，主动地去和领导进行有效的沟通，这样可以弥补领导因为工作繁忙而忽视沟通。

沟通不仅是管理者最应具备的品质，也是公司最需具备的基本体制之一。有效的沟通可以有效地化解内部矛盾，把团队内部的关系调整到最佳状态。加强公司内部的沟通，既可以使管理层工作更加轻松，也可以使普通员工大幅度提高工作绩效，进而增强公司的凝聚力，同时，良好的沟通还能使人心情愉悦。

充满强制性的是制度,沟通才能体现出另一种制度的灵活性,任何组织都不可能改变和忽视。沟通不仅能提高管理绩效,同时也能有效地防止冲突的发生。从目的上讲,沟通是相互理解和磋商的机制,即交换和适应对方的思维模式,直到彼此对所讨论的意见达成共识为止。

良好的沟通能使彼此双方充分了解对方的真实想法。事实上,只有达成共识的沟通才是有效的沟通。团队中的成员越多,存在的差异也就越多,就越需要成员进行沟通。

从根本上说,企业内部有效的沟通是一个企业顺利发展壮大的必要条件。沟通方式的畅通、沟通内容的综合利用都能为企业管理创造更加和谐的环境,转化为推进企业发展的不懈动力。

沟通上的失败往往会造成许多不必要的麻烦,产生很多不必要的误会。一项调查表明,员工中 80% 的抱怨是由小事引起的,或者说是由误会引发的。对于这种抱怨,管理者绝不能掉以轻心,一定要给予耐心细致的解答,使问题在最快时间内解决。另外 20% 的抱怨往往是因为公司的管理出了问题。对这种抱怨,管理者要及时与员工进行平等沟通,然后采取有效措施尽快加以解决。平等的沟通在一定程度上不仅可以化解下属的抱怨情绪,还能激发员工的创造性,培养员工的归属感。

优秀的公司管理者有责任带动双向的沟通,这是管理者了解员工的最佳管道,从而更快、更全面地掌握员工的优缺点,以及对公司整体的特别贡献。

平等沟通不是自然形成的,更不是一条行政命令可以达到的。管理者应该是平等沟通的积极倡导者,应主动地去找员工进行沟通,久而久之才能形成平等沟通的风气,才能激发员工的创造性。

很多国际知名的大型企业都有着良好的沟通机制,他们的企业内部已经形成了一种非常平等的氛围,有着平等的企业文化,领导并没有高高在上的特权。只有形成了这种非常平等的沟通氛围,才能激活员工的活力和创造力,员工才能感受到自己的贡献得到了承认和重视,才会有承担更大责任的愿望。

平等沟通对人才的把握也起着不可小觑的做用。在企业里,良好的沟通机制,能使优秀的人才产生留下来的情怀,使他们爱上企业,从而更加努力地效力自己的企业。

此外,沟通的方式、方法也都直接关系到企业的健康和谐发展。总之,企业要稳定、要发展,企业管理者首先要学会与员工平等和良好的沟通。

# 团队精神至高无上

说起团队精神,这里还不得不提到西点军校,而提到西点军校的团队精神,我们便不得不提到"西点之父"——西点军校的第三任校长塞耶。入主西点军校之后,塞耶进行了一系列的改革措施,把西点军校导向了更为发展的正轨。但是如何增强西点人的团队精神却成了一个困扰他多时的大问题。

塞耶设想建立一种新型的学员团。在这个团体里,每个人都能做到个体和团队的紧密结合,在充分发挥个人能力的前提下,更加注重团队的合作,每个人心中都有一种团队精神。塞耶认为,培养学员的基本方法是斯巴达式的组织纪律。学员团的领导必须很公正,富有亲和力和感染力,能够与学员一起为一个明确的目标同甘共苦,协同努力。由此出发,塞耶强调培养学员"我为人人,人人为我"的精神。他指出,只有具备了这种精神的人才有资格指挥他人。

经过一番冥思苦想,塞耶提出了"拱顶石"的理论。拱顶石是连接、维持、亲和结构的关键之石。用塞耶的话说,拱顶石必须是坚硬的石块,而这些石块还必须紧紧地结合在一起。他把石头比作队员个人,把紧密结合在一起的石群比作团队精神。一旦培养出这样的"拱顶石"精神，学员团就会不断发展，军校就会不断前进。

塞耶以完备搞笑的规章制度为结合剂，把"拱顶石"很好地结合起来。他对学员学习、生活、娱乐以及教学、管理、责任等林林总总的问题，都进行了有效的规范性建设。现在看来，这项工作是非常成功的。

为了让这一成果更好地延续下去，塞耶又采用了一系列方法加强战术教官与学员之间的联系。通过战术教官和学员的有效结合，西点很快达成教学目标一致的理念。1820年12月，在塞耶的努力下，战术教官的人数不但明显增加，素质也越发良好。他又马上采取措施，任命中尉泽拜纳·J.D.金斯和亨利·W.格里斯沃尔德为助理战术教官，分赴两个连队，与学员同吃、同住、同操练，更深一步地加强团队合作。

这两位教官都乐于为军校的发展贡献才智，同时他们本人也是西点优秀的毕业生，他们从心底里真诚地赞同与支持他们的校长。他们形影不离地和学员们待在一起，关注着学员的一举一动，学员有什么意愿可以及时上达。这种体制真正成了塞耶造就"拱顶石"的结合剂。

正是在塞耶的不断努力下，西点一步步走向正规，并越发强大起来。

时至今日，西点军校关于加强学员合作和培养团队精神的方法已经越来越多，也越发成熟起来。

在西点军校，男生要剪成短发；女生则要将头发盘到脑后。他们都要穿上现场量身定做的统一制服，这些服饰上到帽子，下到皮鞋，都是统一的。通过这些细微而不能忽视的细节来增加学员最初的团队合作精神，让他们从心里暗暗明白，他们是一起的，是不能分割的整体。效果很明显，学员能迅速地融为一体，进行有效的团队合作项目。

到了二年级，他们还将被送往树木葱茏的巴克纳营地。巴克纳营地与构成西点军校中心区域的那些颇负盛名的花岗岩建筑和阅兵场相距甚远。二年级学员的训练由高年级学员和许多正规陆军军官或军士组成的教官团队组织实施。训练包括地图判读与方位确定、安排战术以及轻武器的使用等多项内容。新学员从最初的学习如何成为一名军校生，到现在的学习是如何成为一名军官，进行了迅速的角色转变。

巴克纳营地这个树木丛生的偏僻场所人迹罕至、死气沉沉，又十分潮湿，生存环境十分恶劣。居住的营房是"二战"时期建造的。这里的蚊子非常多，而且"大得能把小动物搬走"。不过，学员们并没有一味地感到苦闷，训练也有让人振奋的时候，不管是新学员还是老学员，西点学员在夏季里最感兴趣的始终是能与真正的陆军部队一起训练。

巴克纳营地的生存训练能让这些西点学员明白一个非常重要的道理：每个人都能贡献与众不同的才能，这些才能一旦融合在一起，便能很好地完成某些训练任务。例如，每个班里都有一个天生具有良好方位感的人，那么将此人安排到带领小组成员的"岗位"上，就能使这个班在日落西山之后能准确地辨别方向。每个班都有一个能说会道的演讲者，专门负责鼓舞士气与打探情报。总之，人尽其能，各守其职，而又紧密配合，共同为了实现某个目标而努力，团队精神发挥得淋漓尽致。

展示这种协同性的最佳方式是障碍跑道，这是二年级学员进行训练时必须完成的课目。这一课目以班为单位，要么全部顺利通过，要么统统不及格。其中一个典型的障碍物是在一个场地内按不同高度、不同距离布置了数个固定的柱子，以及很多长度不同的木板。要想成功地通过这些柱子，就必须讲究放置木板的技巧：一旦所有人通过这些木板之后，这些木板便可以重新归位使用，以便顺利通过下一组柱子。在这里，策略显得非常重要，因为很少有机会回头再捡任何东西，有时为了前进，不得不将木板丢在身后。此外，班成员必须规划好谁在最前头、谁能帮助其他人通过障碍，因为有时候体力是不容忽视的最关键因素，有时候体形较小的领头者可以顺利地穿过某个障碍并安放某块木板，以备体形较大的成员通过。这种练习体现得最鲜明的一点是：每个成员的及时提醒、一致思想以及共同贡献使全班顺利地从地点 A 移到了地点 B。即便最敏捷、最健壮的班成员也不能独自跨越所有障碍。西点人通过这样的训练迅速加深了学员之间的认识与友谊，提高了他们协同作战的能力。

很多时候，西点为了更好地提高队员的团队精神，总是预先设置所谓的假想敌，通过这些假想敌来达到队员们最好的团队合作。

通过诸如此类的训练，西点军校让每一位学员在训练中体验到团结的力量有多大。这种在实际行动中所亲自体验到的团队力量，比长篇大论地分析团队合作如何增强个人的力量的纸上理论要有效得多。因为只有具有团队精神的集体，才可以实现个人无法独立取得的成就。

相同的价值观和相同的目标，尤其是共同的荣誉守则共同构成了团队合作的基础。西点尽力加强学员的团队精神，对学员而言，行动中没有个人的动机，只有团队的目标。

生活中，一加一等于二；可在职场中，一加一却未必是二，可能等于三，等于四，甚至等于一百。这就是团队合作的巨大作用。一家企业如果能时时感受到团队合作的重要性并充分利用它。那么它又何惧没有强大的生产力与竞争力呢？在工作中，有些人习惯了"各自为战"，以为这样一来就可以把别人远远地甩在后面。殊不知，这种做法不仅害了企业，也耽误了自己。

在专业化分工越来越细、竞争日益激烈的现代职场，并不是个人之间的竞争，团队与团队的竞争、企业与企业的对决才是市场的主流。崇尚团队合作，才是现代职场人士应有的理念和获得成功的保证。对于企业来说，一个懂得和他人配合作战的员工才是对企业最有益处的人，因为他不仅有着出色的能力，而且更善于借助团队的力量来更好地完成任务，能够带动其他人乃至整个企业向前发展。

美国作家韦伯斯特说："人们在一起可以做出单独一个人所不能做出的事业。智慧、双手、力量结合在一起，几乎是万能的。"

一个只会单兵作战而不懂得合作的人不仅不能很好地完成任务、实现自我价值的提升,反而可能会成为阻碍企业发展的障碍,等待他的只能是黯然离去!让至高无上的团队精神充满你我内心吧,只有这样,才能更好地发展自己,利于集体。

# 第六篇

# 让自己成为一块招牌

21 世纪人才辈出，要想从中脱颖而出，你就必须拥有自己的风格，打造自己的品牌，巧抬自己的身价，让别人知道你的价值，听说过你的名字，这样，在激烈的竞争中你才不会默默无闻，你的才华才不会被埋没。

# 第14章 建立品牌意识,塑造自我品牌

> 怎样才能充分地发挥自己,怎样才能树立自己的形象。不妨借鉴品牌效应这一概念,我们个人也应该建立一种品牌意识,在职场中要塑造自己的品牌。

## 告诉自己"我很重要"

每个人都是企业重要的一员,每个人都是企业的品牌。失去你,企业可能并没有多大的损失,但是拥有你会让企业发展更快,让企业更成功。

一家拥有近100名员工的濒临倒闭的加工公司,为了渡过经济危机的难关,决定裁员三分之一。三种人进入裁员名单:清洁工、司机和仓库保管员,这三种人加起来有30多名。于是经理找这些人并说明了裁员的意图。这三种人分别有着自己不同的看法。

清洁工认为:"我们清洁工很重要,假如没有人打扫卫生,没有清洁、健康的工作环境,你们怎么能全身心投入工作?"

司机认为:"我们司机很重要,没有我们,产品怎么能迅速销往各地的市场?"

仓库保管员也说:"我们仓库保管员很重要,经济危机时期,社会秩序不稳定,没有我们,这些加工好的产品岂不要被人偷光!"

听了他们的话之后,经理深受启发,经过再三考虑,公司最后决定不

裁员,而是重新制定了管理策略,在其他方面降低成本。经理还让人在公司门口悬挂一块大匾,上面写着:"我很重要"。

从那以后,每当员工们走进公司大门,第一眼看到的便是这句话。这句话也调动了全体员工的工作热情。不久之后,公司迅速崛起,成为日本最著名的加工公司之一。

拿破仑·希尔著的书中有一句话:"凡是人们能够设想并坚信不移的事,都是可以实现的。"但是,这并不是说你可以盲目地自信。你的自信,应该建立在一个牢固的基础之上,否则就是夜郎自大。你要切实认识到自己在企业中所处的地位,不断提升自己在企业中的不可替代性。要做到这一点,首先要明确自身的比较优势,需要考虑以下三个问题:

一、企业最急需的是什么?你要了解企业的发展历程和业务重点,尤其是对人才的需求方向和重点。只有把你自己的能力优势与企业需求相结合,才能巩固和完善自己在企业中的地位,彰显个人的不可替代性。

二、公司同事最缺乏的是什么?你要详尽分析企业员工队伍的个人素质与企业需求之间的差距,假如在某一方面有大量能力很强的员工,甚至超过了企业的实际需求,那么在这方面很难做到不可替代。

三、自己最擅长的是什么?你要对自己的优势和弱势都有一个清醒的认识,在此基础上"扬长避短",发挥自己的优势,有效避忌自己的弱项。比如,如果你的技术水平很高,就努力向公司的技术领域发展,如果对管理很在行,就努力成为企业的管理中坚,等等。

原惠普总裁卡莉·菲奥莉娜说过:"要大胆地梦想你的未来……推动人类进步的,从来不是愤世嫉俗者和怀疑者,而是相信凡事皆有可能的人。"在全球商业领域里,最高管理层向来以男人居多,然而也不乏出现杰出女性的身影,卡莉·菲奥莉娜就是其中的佼佼者。她用自己在商界拼搏的传奇经历,告诉全世界的人:"我很重要"。

卡莉·菲奥莉娜1954年9月生于得克萨斯州的一个普通家庭,她从小学习很勤奋,总是表现出过人的毅力和勇气。比如,她发现自己迷上了古典语言,就去啃希腊文的亚里士多德的原著。"人们告诉我,这件事太难了,没必要坚持下去的,但我最后还是做到了。"菲奥莉娜后来说。

1972年,菲奥莉娜考上了斯坦福大学,学习中世纪历史。在学习的过程中,菲奥莉娜总是善于独立思考,挑战常规的智慧,当大家往一个方向走时,她会思考:为什么不向相反的方向试试呢?所以在她的大学同学们眼里,她似乎总在跟人辩论,据理力争,而且很少退缩。

由于父亲有"旅行癖",受他的影响,他们曾频繁地搬家。先是搬到了伦敦,后又举家迁往加纳,辗转了多个地方。这一系列"旋风式的旅行",给菲奥莉娜的成长带来了深刻的影响。最明显和直接的影响是:她曾在三大洲的五所学校中学习过。在这样的生活环境下,她学会了积极的适应,并没有被环境所改变。她说:"作为外来者,我一直是受到排斥的,但我并没有害怕当外来者。"

这句话似乎成为菲奥莉娜的人生预言,在后来的职业生涯中,她便总是以一个外来者的身份,革旧迎新,一次次上演赢家的神话。

其实,菲奥莉娜起初对商业并不感兴趣。她的父亲让她上了法学院,希望她成为一名律师,但她对这些法律课程同样不感兴趣。"一个念头像闪电划过我的脑海:这是我自己的生活。"她说。于是她违背了父亲的意愿,放弃了自己的学业,学会了意大利语,并在一家房地产中介公司工作了几个月。这位"斯坦福来的学生"具有令人惊讶的办事效率,从最初的前台工作、接线员、打字员做到财务分析员,甚至还负责改写几亿美元的营销计划。经理震惊了,多次对公司老板比尔·米利恰普说:"你怎样看待这个人?"米利恰普则追忆道:"早在那个时候,她就表现得非同凡响,超过常人。"

正是这次初涉商界的经历勾起了菲奥莉娜对商业的兴趣。1978年,她进入马里兰大学商学院学习MBA课程。"她是我教过的最聪明的学生，"她的老师艾德文洛克教授后来说，"她具有杰克·韦尔奇那样的商业智慧，具有统揽全局的能力。"

两年后，菲奥莉娜进入著名的通信企业AT&T公司当实习经理。菲奥莉娜总是主动出击，寻找最艰巨的工作任务。她总是充满热情地去了解市场、了解客户、了解每一桩交易所遵循的规律，她懂得运用公司的能量，并合理运用她的个人魅力、决心和关系网，去满足客户的多种需求。很快，她就成为一个优秀的销售者。菲奥莉娜在AT&T公司和朗讯科技公司干了近20年，从AT&T公司的一名底层销售经理做起，逐步做到了高级经理的职位。1998年，她成为朗讯公司的总裁，一年后又成为惠普公司的CEO。在任期间，她以破纪录的200亿美元收购价将惠普的最大对手康柏公司纳入麾下，在商业史上写下浓墨重彩的传奇一笔。

在女性凤毛麟角的美国工商界，菲奥莉娜的成功崛起以及她的传奇经历，被人誉为"像撒切尔夫人一样的铁娘子"，某杂志曾连续3年将她评为全美最有权势的商界女性。菲奥莉娜不仅仅是一个CEO，她更多的成为了一种商界的标记和符号。

菲奥莉娜的成功，源于她那无与伦比的自信心以及卓越的能力。在男性居多的商业世界里，她相信自己能创造神话并游刃有余。事实上，她确实这样做到了，并比绝大多数男人要棒。

菲奥莉娜说："我喜欢主动找艰巨的工作，做艰苦工作是因为我可以证明我自己，并不是我知道终点在哪儿，我只是想现在就接受挑战，做出不同的事情。"

相信自己，告诉自己你很重要，这或许就是菲奥莉娜不同于常人的地方，也是她取得伟大成就的关键所在。

菲奥莉娜总结了自己的六条处世之道，也许会对我们以后的职场人生有所帮助：

一、只有你自己施加的条条框框才会对你起作用，大多数人都远比他们自己意识到的更有商业天赋；

二、寻求严峻的挑战，它们会带来更多乐趣；

三、永远不要说放弃，正如温斯顿·丘吉尔所说，大多数伟大的胜利就在于最后一下的坚持之中；

四、热爱你的事业，取得成功需要有激情；

五、在自信和谦逊之间保持平衡——要有足够的自信心，认为自己能够做得与众不同，也要有足够的谦逊，让自己可以去寻求别人的帮助；

六、承认团队合作的巨大威力，单枪匹马是干不成事的。

## 人品是做事的关键

荣誉制度是西点军校的另一大教育特色。它要求"每个学员不得撒谎、欺骗或盗窃，也不得容忍他人有上述行为"。西点的荣誉制度使西点在世界上享有盛誉，获得了广泛的好评。有人曾这样评价西点军校："美国的前500强大企业是教人以伦理，而西点是教人以品德。"西点人相信，一个人无论做什么，品德都将是他最基础的资本。

西点的基本教育方针指出：责任和荣誉是军事职业伦理观的基本成分，它指导着毕业生如何努力报效祖国。荣誉理念在西点起着相当重要的作用，这一作用既可以使爱国主义精神长存而经久不衰，又如同衡量责任履行程度的不朽天平。

某种程度上讲，荣誉教育可以激发学员的荣誉感和责任感，化作强烈的潜在动力，帮助每个学员顺利完成学业，走向成功。进而影响学员终生，也为美国公众树立良好的陆军军官形象。在荣誉感的熏陶下，学员掌握了军事职业的价值标准，明确了个人价值在人类行为中的地位和作用，区分了法律和道德之间的区别与联系，树立了高尚的品德。

一般人看来，荣誉仅是道德教育的一部分，带有"软指标"的色彩。西点荣誉教育则统领德育，是其整个道德发展方针的核心或者说是全部内容。不仅如此，西点的荣誉教育是有形的，看得见，摸得着的，并带有一定的强制性。

对于职业军官来说，荣誉是军人生涯的一个重要组成部分。既然投身戎武，就要在军事领域奉献青春年华，要有强烈的道德感和荣誉感。西点人通过成就创造荣誉，通过荣誉感取得更大成就。

每个刚入学的西点新生都要先接受16个小时的荣誉教育。教育内容主要是用具体事例说明珍惜荣誉、争取荣誉、创造荣誉、保持荣誉的重要性以及方式方法，此外还要让他们懂得荣誉感对人一生的好处。其目的是让每一个学员逐步树立起一种坚定的信念：荣誉是西点人的生命。经过200多年坚持不懈的实践，西点军校逐步建立了一套荣誉规章制度。它的内容包罗万象，详尽完备，涉及学员学业、生活等方方面面。

在西点，和硬性的纪律规定相比，荣誉制度似乎更引人注目，更有说服力，也更严厉。背离荣誉准则会受到双重处罚，而且一般也比违反纪律的处罚重。

1971年，西点校友在世界各地举行了100多场次创办人纪念日集会。西点校友会主席保罗·W.汤普森发表了总结西点，也总结自己一生的讲话：

"任何一个人，当他仔细思考军校领袖们必须准备好承担的责任时，可以看出事情的核心和重点并不仅仅是技术和训练（相对而言，这一切都可以看作是理所应当的事），而关键是品格。肩负重要使命的人必须具有良好的品格，才能挑得起这个担子。他的学业可以不是最优秀的，但却不能失去这种品格和气质。仔细考虑这种品格和特殊气质的养成，人们不禁回想起西点的那些同培养品格息息相关的戒律，同书本学习的关系却只是偶然性的。的确是这样的！这些所谓的戒律带来的胜利远远超过优秀的学业所带来的胜利。"

在西点，学员们总是用其一言一行来维护荣誉体系。西点学员把荣誉和责任看成立身之本，成事之基。荣誉体系的主要目的是保证4000多名身强体壮雄心勃勃的年轻人严格按照西点的规章制度和道德行为规范来约束自己，维护军校和学员的形象。

正像力的作用是相互的那样，荣誉原则也是权利与义务的结合体。西点之所以成为军校之典范，就是因为它培养了品格高尚的西点人，而西点人之所以自豪也正是因为他们毕业于有着优秀传统的西点。西点人用言行维护了西点的荣誉，又从中享受到了无限的光荣。

西点人相信，荣誉的光辉可以使一个人的一生光彩照人。荣誉是人生中最大的资本，有了它，你才有可能赢得别人的信任和尊敬。一个人如果连最基本的品格都不具有，就会得到大多数人的排斥，很难树立良好的个人形象，更不要说事业上的成功。

西点精神给了我们这样的启示：做事如同做人，人品决定产品。其实，每个员工的品质最终都能概括成两大类产品：一类是表现各种能力、方法、执行力的产品，另一类便是体现员工忠诚度、敬业度的人品。对于企业来说，业务熟练但是品质低下的员工最不可要，因为他不仅不能给自己创造良好的条件，反而可能会成为影响企业发展的害群之马。一个人能否守住底线，忠于企业、忠于事业是至关重要的。正如意大利诗人但丁所说："道德常常能填补智慧的缺陷，而智慧却永远填补不了道德的缺陷。"无论做人做事，我们都要以道德为底线，因为只有品德高尚的人才有可能获得真正的成功。

西莱·福格说："决定一个人价值和前途的不是聪慧的头脑和过人的才华，而是正直的品德。"品德就是力量，它比"知识就是力量"更为正确。

美国哈佛大学行为学家皮鲁克斯曾在书中指出："做人不是一个定下几条要求的问题，而是要从自己的根本开始，把自己变成一个以德为本的人，否则你就绝不会赢得别人的信任，更谈不上成功的人生，反而会让人生塌方。"无论你是处于底层、奋战一线的普通员工，还是身居高位、垂范下属的管理者，品德都是我们不可或缺的要素之一。品德赋予了我们生命的方向、意义和内涵，构成了大家的良知，让我们在面临重要抉择时作出正确的选择。可以说，做人必须从"德"字开始，树立有德之人的品牌，这样才能成大事。

# 建立个人品牌

个人品牌是指有自己独特的东西，当被别人提起了，大家会有一致的观点。某人被相关者持有的较一致的印象或口碑，在现代竞争如此激烈的社会，一个人的事业发展之路，一个人要想有自己的事业，想成功，已经不能靠单纯地做一份工作，或追求一个职业，而发展到了需要建立个人品牌的程度。

美国管理学者华德士有一句被广为流传的话：21 世纪的工作生存法则就是建立个人品牌。这句话的广泛流传也说明了建立个人品牌的重要性。他认为，不仅仅是企业、产品面临建立个人品牌，个人也需要在职场中建立自己的品牌。拥有非凡的个人品牌，会让你在工作中如鱼得水。

金融风暴时期，全球经济一片萧条，被迫进入调整期，很多企业受到影响，都纷纷裁员，尤其是 IT 行业。在这场金融风暴中，很多人失业了，为了生活，不得不重新寻找工作。失业对每个人来说都是一件非常痛苦的事情，不仅要面临工作的变动，还会影响到自己的生活。但是如果你建立了个人品牌，它可以帮助你在裁员风暴中挺立不倒。

有人经常会问："我们应该怎样在经济不景气的情况下，逆流而上？怎样在工作中脱颖而？怎样得到别人的赏识？"

答案就是："建立个人品牌。"那么，什么叫做个人品牌呢？

个人品牌是指个人拥有的外在形象和内在修养，这些传递给他人的，容易被感知的独特的、鲜明的、确定的、足以引起他人共鸣的效应。个人品牌和企业品牌、产品品牌的影响力是一样，品牌的力量是不可磨灭的。个人品牌给人一种清晰的、强有力的正面形象，别人一想到你，这种正面的形象就会浮现在他们脑海中。

可口可乐公司连续9年排名"全球最佳品牌榜"榜首，公司品牌价值高达700亿美元，有人说："如果有一天可口可乐的工厂被一把大火烧掉，那么第二天全世界各大媒体的头版头条肯定是各大银行争相给可口可乐公司贷款。"这就是一个品牌的所拥有的无形资产。

个人品牌就是个人在工作中所显示出的独特性以及不同一般的价值，它有以下几个特征：

第一，个人品牌的质量保障。跟产品品牌一样，个人品牌也需要质量保障。质量保障主要体现在两个方面：一方面是个人业务能力的质量；另一方面是个人品行的质量。也就是说一个人不仅要有才还要有德。仅仅业务能力强，而个人品行不过关，建立个人品牌是不可能的。即德才兼备是建立个人品牌的前提。

第二，个人品牌的持久性和可靠性。个人品牌建立后，就说明你的做事态度以及工作能力是有保证的，具有持久的影响力。你也一定会为企业带来效益，企业对这样的员工也会信任和放心，会放心让你独立工作。

第三，个人品牌会有一个慢慢积累，得到认可的过程。无论是产品品牌还是企业品牌，都需要经过各方检验，得到消费者认可才能形成的，并不是自封的。初入职场是没有个人品牌的，只有努力工作，在工作的过程中被大众企业所认可，被大家所公认。

第四，个人品牌一旦形成，这个人跟职场的关系就会产生根本性变化。对于企业来说，如果创造了自己的品牌，那么企业的销售就会比较容易。同样对个人而言，一旦建立了个人品牌，就具有了一定的品牌价值，那么在你所从事的行业里，就能比较容易地去推销自己，也许就会有更好的公司冲着你的品牌去找你,这样就增多了个人发展的机会。

那么应该怎样建立个人品牌呢?

首先要进行"品牌定位"。产品品牌定位是指为某个特定品牌确定一个适当的市场位置,比如使商品在消费者的心中占领一个特殊的位置。这个方法也同样适用个人品牌定位,每个人对自己应该有一个清晰的认识,比如,我的特长是什么?我的性格适合从事什么工作?我想成为什么类型的员工?等等,根据自己的特点,进行自己的品牌定位。

其次,打造具有丰富内涵的优秀形象。较强的工作能力是个人品牌的核心内容,能力不强的人想建立个人品牌是很难的。除此之外,还要有良好的个人道德品质。如何根据自己的能力和个人特点,形成自己独特的工作风格,让自己具备不可替代的价值,这是建立个人品牌的关键。

最后,还要学会包装、推销自己。

裁员风暴并没有人们想象的那么可怕,只要你有自己的品牌,你就会有资本在这场风暴中岿然不动。那么,从现在开始,让我们为自己创造一个品牌,将自己当成一个品牌来经营。

## 扬长避短,你会更显光彩

对于集体,需要克服的是"短板定理",同样的道理,对于个人而言,将自己的长处发挥出来, 比努力去补齐短板更为重要。"世界上没有完全相同的两片树叶",人亦如此。每个人都有自己的特质和特长,只要你善于利用自己的长项, 在竞争中就会有制胜的优势。所以当人生处于低谷的时候,千万不要轻易地否定自己,不要怀疑自己。

古人云:"梅须逊雪三分白,雪却输梅一段香。"世界上没有十全十美的人,每个人在某方面或多或少都会有所欠缺。就是伟人也毫不例外,即便是有一些后天努力也无法改变的缺点, 但这些也都不会成为阻挡他们光辉人生的障碍。

张睿是瑞士银行中国区主席兼总裁，他最初是在美国迈阿密大学留学，所学专业是体育管理。但是当他发现沃顿商学院时，立即决定去报名。

沃顿商学院是世界首屈一指的商学院，张睿经过四次面试，仍然没有结果。最后一次面试时，他就直截了当地问主考官："如果我不被录取，那么我想知道我没被录取的原因是什么？"

"很可能是你缺少工作经验。我们商学院录取学生的前提条件是要有商务工作经验。"

张睿立刻反驳："沃顿作为世界上最优秀的商学院之一，是培养未来商务领袖的。但世界各国发展极不平衡，如果只是在商务成熟的国家招收特别多的学生，而不招收商务发展中国家的学生，那不是与学院的办学宗旨相矛盾吗？"

主考官很欣赏张睿的言论。面试出来后，招生办主席秘书告诉张睿："主席对你的印象特别好，因为你很自信，与众不同。"于是，在当年52个申请该校的中国学生当中，张睿是唯一被沃顿商学院录取的学生。

其实，每个人都有自己的可取之处。比如你外表不一定非常出众，但是你有一双巧手；你目前的工资可能没有大学同学的工资高，但也许你的前景更广阔，等等。永远没有绝对的好，好坏只是相对的，同样成功和失败也是如此。乌龟永远没有兔子跑得快，但是乌龟的耐力和心态很好。找到自己的长处，发挥自己的优势，你将处于不败之地。

正所谓"条条大路通罗马"，世界上总有一条路是适合自己走的。要根据自己的特长来规划自己的未来，量力而行，并且考虑自身环境等因素来确定自己的发展方向。不要浪费时间，一味地埋怨环境差，生活条件不好，何不利用这些时间学习，提高自己的能力，拿出成果来，获得社会的承认。当你事业受挫时，不必灰心丧气，坚强的信念定能点亮成功的灯盏。

在这样一个凭实力说话的年代，仔细分析自身的特点，明确自己的长处,确定自己要走的道路。选择适合自己的工作岗位,在这个岗位上发挥自己的价值,有所作为,凭自己的业绩说话,凭自己的成绩得到社会认可,走向事业的辉煌。

# 第15章 最大限度地提高自己的知名度

在与客户交注之中,怎样才能让对方对你印象深刻?怎样才能让他对你过目不忘,留下好感并期诗下次合作?这就需要你来最大限度地提高自己的知名度了。

## 打造最醒目的个人招牌

众所周知,在生意经中,开店之道,除了货要好,价格要公道,也就是物美价廉之外,还要有一副好的招牌,招牌醒目了,名号打响了,店铺的生意才会越做越好。员工也是一样,在德才兼备的基础上,还要有自己独特的"个人招牌",才能得到老板的更多关注。

小时候,长辈就教导我们"先做人,后做事"。当时我们所理解的就是做好人、做正直的人、做诚实的人。现在我们也常说"先做人,后做事",这里所说的"做人"就不能像小时候理解的那么狭隘了。对于职场中人而言,最重要的是:要做一个有自己风格的人,要与众不同。只有形成了自己独特的个人风格,别人才更容易记住你,你才可能脱颖而出,这样便能赢得更多成功的机会。

外貌是天生的,无论外形美丽还是丑陋,我们无从选择。但是一个人独特的个人风格可以弥补他外形上的缺陷。

具有日本的"推销之神"美称的原一平,只有不到一米五的身高,原一平也曾为自己矮小的身材懊恼不已，经常埋怨老天爷对他不公平。他的上司佐藤告诉他：身材矮小并没什么，关键要能以表情、语言赢得人心。

受到上司的鼓励，原一平开始每天对着镜子苦练各种表情，重点是练习如何笑。他每天抽出一定的时间，细细揣摩，并且不断地加以完善。上班路上，他也不断微笑着和擦肩而过的行人打招呼，有一次，他在路上练习大笑，曾被路人误以为是个神经病。由于他练得太入迷了，有时半夜会从梦中"笑"醒。功夫不负有心人，有一天，原一平对着镜子，发现自己竟然能发出近40种不同的笑。最后，原一平发现，婴儿的笑容是世界上最迷人的笑容，令任何人都无法抗拒。因此，他开始向婴儿学习怎么笑，直至炉火纯青的地步。后来，原一平的笑容，被人誉为"价值百万美元的笑容"。

这个"价值百万美元的笑容"，正是原一平最独特的"个人招牌"。

作为一名员工，你最吸引客人的地方在哪里？你的个人招牌是什么呢？如果你还没有想过这个问题，那么从现在开始想想，直到能找到一个能说服自己的答案为止。拥有个人招牌，会让你变得与众不同，它将会是你人生成功道路上最得力的助手。

在比尔·盖茨创建的微软公司里面，有很多富有自己特色的员工。盖茨带领这些员工，创造了微软公司的辉煌。盖茨对微软的热情毋庸置疑，然而在他的微软公司还有一位举足轻重的人物，这个人对微软的热情不亚于盖茨，这个人在任何场合、任何时间，都不忘把"I Love this company！"挂在嘴边，经常被公司的人称为"微软啦啦队队长"。对微软和盖茨来说，那是一名任何人都无法替代的员工。

网上曾经流传这样一段乍看之下让人匪夷所思的录像：在地动山摇的音乐声中，一个六英尺高的秃顶男人跳上舞台，一边大幅度扭动着肢体，一边声嘶力竭地大喊。这还不够，他还上蹿下跳，不时像猴子一样仰天长啸。台下观众的掌声、叫喊声也响成一片。最后，他嘶哑着喉咙大喊："我送大家四个字！"全场静了下来。

他用尽最后一丝力气喊道："I Love this company!"顿时，招来一阵狂热的呼声，"I Love this company!"的喊声响彻全场。

这个被网友们戏称为"猴人"的人，不是脱口秀明星，而是大名鼎鼎的微软 CEO 史蒂夫·鲍尔默。他并不是在作秀，而是在给微软的数万员工开动员大会。会后，微软的一位年轻员工在论坛上感慨道："我们的 CEO 把大家鼓动得热血沸腾，那时即使让我为公司去撞墙，我也会毫不犹豫。"

在所有大公司的 CEO 中，鲍尔默是最富个性的。他那副极富激情的大嗓门就是他最醒目的个人招牌。

18 岁那年，鲍尔默在哈佛结识了一位与他有着同样兴趣爱好的青年学生比尔·盖茨，于是很快就成了好朋友。不久，盖茨从哈佛退学办了个名叫"微软"的小公司。他还鼓动鲍尔默也辍学，然而遭到鲍尔默的拒绝，他的理由居然是，作为哈佛橄榄球队不可替代的球员，他不能一走了之。后来，在盖茨一再游说下，鲍尔默终于答应加入微软，成了微软的第 7 名员工。很多员工不理解：为什么老板给鲍尔默这么高的薪水，还有 5%的股份？

然而不久，鲍尔默的价值就体现了出来。他的激情、学识，对于微软的发展起到了巨大的推动作用。虽然为了让鲍尔默进入微软，比尔·盖茨很费了一番口舌，但鲍尔默一旦成为了微软的一员，就充满激情和动力地效力于这家公司。

2000 年，盖茨任命鲍尔默担任微软的 CEO。鲍尔默这才正式从幕后走到了台前，他那招牌式的"大嗓门"从此更加为人所知。

鲍尔默天生就是个演说家，他一站上演讲台，就迸发出难以想象的激情和魅力，总是能圆满地完成演讲的整个过程，于是他那出了名的大嗓门再一次为世人所知，成为他的招牌。

现在，面对外界关于他不够幽默甚至不够成熟的指责，鲍尔默也在努力改变自己，在严厉和幽默、外向与成熟之间寻找某种平衡，以适应这个充满变化的社会。

但是,有一点可以肯定,他那招牌式的激情永远不会改变,因为他是独一无二的史蒂夫·鲍尔默。

我们所说的鲍尔默的大嗓门所起的作用并不仅仅是因为它善于演讲,它也远不止啦啦队队长那么简单。他在微软被垄断案拖垮,20世纪90年代高速发展的历史一去不返,股票下跌一半以上的情况下临危受命,担负复兴微软的重任。在他的带领下,庞大的微软帝国渡过了危机,并且进入了稳定发展的轨道。

鲍尔默那醒目的招牌式的"大嗓门",是为了激发下属的热情、忠诚和灵感,更是为了让员工分享他对微软的激情。虽然有些人或许会对他的表达方式不是很适应。但是绝大部分人都很难保证自己不被他的热情所感染,进而对微软公司心生敬意。盖茨曾说过:"让鲍尔默成为微软的一员,是我所做出过的最杰出的商业决策之一。"

## 让客户知道你是谁

成功离不开自己的努力和勤奋,勤奋和一定程度上的毫无怨言埋头苦干是提升业务能力的基础,但是这只是成功所要求的条件之一。如果想要成功,还得要在品牌上下工夫,赢得好口碑,打造良好的品牌形象。让大家知道你是谁,是成功的另一大要素。

对于销售员而言,姓名不仅仅是一个称谓,更是一个包含了个人知名度、信誉度、客户满意度的品牌。对于销售员而言,自己姓名具有的知名度和价值,就相当于品牌知名度对于产品一样重要,这是销售员能力的体现之一。

每一天,我们都在通过自己的衣着、言语、行为来传递着个人的独特品牌形象。而无论是这些外在的形象,还是内在的价值观念、思维方式、个人品质,以及业务能力,等等,都是个人品牌价值的组成部分。它们通过一定方式融合在一起,为个人创造巨大的经济效益。

让自己的价值和工作的风格迅速地被人接受和认可,彰显自己的个人魅力和品牌,可以说是必须要懂得的一门学问。如果你对个人品牌的价值从不了解,就有可能获得低于你价值的报酬,抑或一直在一个不能让你发挥所长的职位上徘徊。如果你没有给自己的品牌价值增值的意识,你就会被市场抛弃。

通常来讲,知名度和个人品牌价值是成正比发展的。有知名度就吸引了关注,就有价值。因此,职场中学会打造自己的品牌变得越发重要起来。

身为一名员工,不要总是害怕展现自己。你的工作业绩不可能全被老板所了解和知道。实际上,老板是很容易遗漏员工的工作成绩的,有时你拼命做出成绩,他却还是并没有察觉。

通常,老板的注意力往往放在最重要和迫切的事情上,所以也许在一定时期内会被忽视。因此,每当你圆满地完成工作任务时,记得要适时地向老板、同事汇报,让他们看见你的成绩。

当然汇报也是有前提条件的,首先你对自己的成绩心中要有底,自己做了些什么成绩,哪些符合要求,哪些是老板最迫切需要你去做的,都要自己清楚。不要指望老板能主动地来问你。如果你想在公司有所发展,那就努力找机会让老板了解你的想法,了解你工作的成果。从而一步步让大家知道你的存在和你的价值所在。

对于大多数工作者来说,跳槽有时候是迅速体现个人价值含金量的途径。同时,内部的职位转换也是个人品牌价值提高的又一捷径。所以在个人发展遇到瓶颈时,不要总是盲目跳槽,应该试着在机构内部找到出路。这条途径的优势在于,可以填补跨岗位工作,因经验不足而造成的竞争力缺陷。换岗位之前首先要留心企业内部可以争取的职位,自己充分做好准备,做到心中有数。留意企业内部哪个部门、什么职位自己可以胜任,再针对性地去争取。

没有人能去主动地接近你，去探索你的能力，当你的优秀和价值还没有体现的时候，应该想办法让自己的价值能得到体现，让外界去了解你，发现你，从而发现你的价值，树立你的个人品牌。

很多年轻人总是把精力放在追求文凭、职称、职务上，认为这些是评价个人品牌价值的一种外在的参考指标。但这是打造个人品牌最舍本逐末的方法。单纯地追求这些外在的东西有时候会牢牢禁锢住你的思想，市场经济令外在的参考指标失去了绝对意义，追求文凭、职称和职务，说到底是虚荣心作祟。

证明自己的实力，树立有价值的个人品牌，还要让别人知道你在做什么，你可以做好什么。比如在公司内部的会议上多发表见解，多向领导提出自己的建议，树立自己在企业内部的品牌形象。如果想对企业的发展和前景总是能提出与众不同的观点和见解，就要你主动创造潮流，始终让自己处在风头浪尖，保持先见之明，走在别人前头。

同行之间的交流也是必要条件之一。要多参加行业内举办的峰会、论坛，以及行业人士举办的聚会等；在行业媒体上能独立地发表个人的见解、文章，或者著行业之书，都是提高自己个人品牌价值行之有效的办法。

我们要做的，就是给自己一个区别于他人的独特定位，凸显自己的特质，从人群中脱颖而出，让人一下就能想到你。

职场日新月异，越来越需要创新思维和个性思维的人出现，个人品牌的重要性日益凸显，每个渴望成功的人，都需要打造自己的个人品牌。而职场生活，也需要你表现出自己的价值，从而得到企业的赏识。

当你建立了自己真正的个人品牌让所有业内人士都能对你耳熟能详后，你就需要来经营这个品牌，要坚持不懈地维护品牌的价值，让它时刻保持升值的活力。

## 用赞美别人来照亮自己

　　现实生活中,人们常常喜欢听到别人对自己的赞美以及肯定,或多或少都希望别人能看到自己的价值所在,然后来赞美自己。人们往往不喜欢细微的奉承和巴结,然而却渴望对方发自内心的赞扬。但是我们有没有想到,别人也和我们有同样的想法,同样希望我们对他的肯定和赞美。我们不妨遵守这样一条原则:希望朋友对我们如何,我们就对他们如何。

　　无论是咿呀学语的孩子,还是白发苍苍的老翁都喜欢自己得到他人的肯定,因为人任何时候都有一种被人肯定,被人赞美的强烈欲望。我曾看到过这样一句话"人都是喜欢活在掌声中的,当部属被上司肯定、受到奖赏时,他就会更加卖力地工作"。卡耐基也曾说过:"当我们想改变别人时,为什么不用赞美来代替责备呢?纵然部属只有一点点进步,我们也应该赞美他。因为,那才能激励别人不断地改进自己。"

　　多年前,一个纽约的孩子在一家裁缝店当店员,早上5点钟他就要起床,打扫全店,每天都要重复着这样毫无乐趣的工作。两年后,男孩再也不愿忍受了,一天早晨起床后,男孩并没有像往常一样去裁缝店,他跑了很远的路,去找他在别人家里当管家的妈妈去诉苦。他一边哭泣,一边发狂地向妈妈请求不再做那份工作了,并发誓,如果再这样做下去,他甚至会自杀。而后,他又给老校长写了一封言辞悲惨的信,说明他心已破碎,不愿再生。他的老校长看信后,并没有觉得他不踏实而去骂他,相反他赞美了他,诚恳地对他讲,他很聪明,应该适于更好的工作,并给他一个教员的位置。从此,那个赞美改变了那个孩子的未来,在英国文学史上,曾创作了76本书,留下了永久的形象。这个孩子就是韦尔斯。在称赞最微小进步的同时,要称赞每一个进步,并要"诚于嘉许宽于称道"。

　　发自内心出乎意料的赞美,往往会令人惊喜。丈夫工作一天后回家,见妻子已摆好了饭菜，称赞妻子几句；老师见学生把教室打扫得干干净净，夸奖一番。在妻子和学生看来是习以为常的事情，却得到丈夫和老师的赞美，作为妻子和学生来说心情是无比愉悦的，同时也提高了他们的积极性。

有时，反向的赞美以及出乎对方意料的认同，也会引起对方的好感，使他更加努力。卡耐基在书中写了一个他曾经历过的故事：一天，他去邮局寄挂号信，办事员服务质量很差，很不耐烦。当卡耐基把信件递给她称重时，他说："真希望我也有你这样美丽的头发。"闻听此言，办事员惊讶地看看卡耐基，接着脸上露出微笑，服务变得热情多了。所以，在现实中，无论是与朋友还是客户交谈，多谈一谈对方的得意之事，这样容易赢得对方的认同。如果恰到好处，他肯定会高兴，并对你心存好感，这样你要办的事情也就容易得多了。

赞美固然美好，但是一味虚假地赞美有时会引起对方的反感，所以赞美也要讲究技巧。每一个人都希望自己永远年轻，尤其是成年人对自己的年龄非常敏感。因为成年人普遍存在怕老心理，所以"逢人减岁"就成了讨人喜欢的说话技巧。这种技巧在于把对方的年龄尽量往小处说，从而使对方觉得自己年轻，养生有术等，产生一种心理上的满足，这样，你进一步的交谈将会很顺利。比如一个三十多岁的人，你说他看上去只有二十多岁，一个六十多岁的人，你说他看上去只有四五十岁，这种说法对方是不会认为你缺乏眼力，对你反感的，相反，他会对你产生好感，形成心理相容，能使你的亲和力迅速提升。

当然，技巧是要讲究方式和方法的。"逢人减岁"这种方法只适用于成年人（特别是中老年人），相反，对于幼儿、少年，用"逢人增岁"（年龄往大处说）的方法效果较好，因为他们有一种渴望成长的心理。

在我们的心中，能用"廉价"购得"美物"，那是善于购物者所具有的特质，也是精明人的一种象征。虽然现实中我们并不能做到总是花最少的钱买最好的东西，但我们还是希望我们的购物能力得到别人的认可。因此，当我们买了一件物品之后，如果花了 50 元，别人认为只需 30 元时，我们就会有一种失落感。相反，当我们花了 30 元，别人认为需要 50 元时，我们则有一种兴奋感，觉得自己很会买东西。由于这种购物心态的普遍存在，"遇货添钱"这种说话方式也就能打动人心。比如，甲买了一套款式不错的西服，乙明知道市场行情，这种衣服两三百元完全可以买下。于是乙在品评时说："这套西服不错，恐怕得六七百元吧？"甲一听笑了，高兴地说："老兄说错了，我 160 元就买下啦！"这里乙的说法就很有技巧性，在他不知道甲花了多少钱买下这套衣服的情况下故意说高衣服的价格，使对方产生成就感，当然也就使得对方高兴。

其实，说来说去，我们应该明白一点，无论是在生活和工作当中，虽然我们每个人都渴望得到别人的称赞，但是我们还要回过头来看看，要想让别人发自内心地赞美自己就应该先去发自内心地赞美别人，通过赞美他们，让你的品格和印象也迅速提升，反过来，你想要的赞美就来了。

## 不断提升自己

"闻道有先后，术业有专攻"，没有接受过良好教育、拥有丰富知识的人，也谈不上是一个真正成功的人。要读好书，必须先打好基础，打好了基础，才能在这基础上作研究，基础要求广，钻研则要求深，广和深也是统一的，只有广了才能深，也只有深了才能广。而要想不断地发展，必须不断地提升自己，充实自己。

卡迪尔来到一家进出口公司工作后，晋升速度很快，令周围所有人都惊诧不已。一天，卡迪尔先生的一位朋友好奇地向他询问了这个问题。

卡迪尔先生听后笑了笑，简短地回答道："这个嘛，很简单。当我刚到公司工作时，我就发现，每天下班后所有人都回家了，可是老板依然留在办公室工作，而且一直待到很晚。另外，我还注意到，这段时间内，老板经常寻找一个人帮他把公文包拿给他，或是替他做些重要的事务。

"于是我下定决心，下班后，我也不回家，待在办公室内。虽然没有人要求我留下来，但我认为自己应该这么做，如果需要，我可以为老板提供他所需要的任何帮助。就这样，时间久了，老板就养成了有事叫我的习惯。"

卡迪尔是个幸运的人，因为他有个伯乐一样的好老板，但他更是一个聪明的人，因为他懂得向老板学习。老板之所以是老板，肯定有他独特的过人之处。他的勤奋、他的方法、他的变通、他的果敢……总有值得我们学习和借鉴的地方，而我们需要做的就是职场之中这个有心人。

现在的社会是个飞速发展的社会，也许今天你还在潮头，明天你就将一无所知，飞速的变化要求我们不断地学习，不断地充电。一个人只有保持不断学习、终生拼搏的状态，才能跟得上社会的变化，才不至于被时代淘汰。

在这个瞬息万变的商业世界，每个人都如逆水而行的小船，不进则退。未来的职场竞争将不再是现有的知识与专业技能的竞争，更是学习能力的竞争。因此，不断地学习和积极地充电，使自己总是处于上升的空间，将不仅仅是我们走向成功、追求卓越的必由之路，也是保存实力、继续生存的唯一选择。

当我们在惊叹别人有多成功，当我们在羡慕他人的"运气"有多好时，千万不要忘记他们背后所付出的那些汗水。林语堂说："写作是若非一鸣惊天下的英才，都得靠窗前灯下数十年的苦苦思索，然后可以著述。"职场中又何尝不是如此呢？经常地向别人学习，扎实地打好基础，直至有一天自己变得足以强大，能够独当一面或者带动企业奔跑。

身在日新月异的现代职场当中，每个人都要有一种随时向上的动力，而不能墨守成规不思进取。否则你很快就有被取而代之的危险。在这个不进则退的年代，每名员工只有通过不断学习、终生拼搏，才能保持永远的胜利，才能从根本上保证自身的提升，才能长久立于不败之地。

## 运用技巧，巧抬自身价值

俗话说："王婆卖瓜，自卖自夸。"针对我们而言，就是对自己的优势和价值，要运用一定的技巧来表现出来。要适时地抬高自己的身价，使别人对你刮目相看，甚至可以将自己抬升到另一个高度，让他人争相与你交好。

以我们现在所处的生活和工作的现实背景来看，竞争激烈已经日趋白热化，"默默无闻"只会让自己错失良机，才华并不能得到很好的施展，从而导致一直默默无闻。

战国时期商午想在齐国谋得一官半职。可是他深知自己并没有什么名气，怕得不到齐王的赏识。于是向在齐国做官的朋友求教："我想作为齐国的特使访问魏国，如果齐王答应，我会出使魏国，并试着让魏国与齐国亲近。"

朋友听完他的话回答说："这并不可行，这样等于变相地贬低了自己，承认自己在魏国并没有得到重用，齐王又怎会重用这样的人？"

商午着急地问："那你说我该怎么办呢？"

友人帮他出谋划策说："你不如直接自信满满地问齐王对魏国有什么期望，然后再告诉他你可以倾尽全力地去满足齐王的要求。这样的话齐王必然会觉得你在魏国是个举重若轻的人物，自然会厚待你。然后你再去魏国，用相同的办法来获得魏王的信任和赏识。这样魏王也必定不会小觑你，会重用你。这样一举两得的办法何不试试呢？"

商午按着朋友说的做，果然得到了齐、魏两国的重用。他朋友的计策很是高明，假魏之名抬高商午，进而让他得到齐国看重，然后假齐之名，回访魏国，让魏国也重用了他。

在商品经济时代，某种意义上来讲，人本身也是一种"商品"，各自体现着不同的价值。年轻人应该懂得适时自抬身价，当然要适度，然后让人认同你的价值。

从心理学角度来看，人们往往更愿意相信价格昂贵的商品的价值所在。而对那些价格低廉的商品的价值心存质疑。因此，如果一味地降低身价，会被别人看轻而得不到重视。而适当地抬高身价，就会引起他人的重视。虽然本身你的能力并没有发生变化，但是他会认为你是个了不起的人才。

当然，自抬身价一定要注意其中的度，不切实际地盲目抬高，只会带来不如意的结果。我们应该结合自身的实际和在可期望的限度内，来适当抬高自己的身价。

自抬身价，以下几条原则可供参考：

1.适度：把握好这个限度，不能盲目抬高，更不能大大超过自己的能力范围。适度抬高，不能过火是关键，和赞美他人是一样的道理，过火了就会引火上身。

张欣到一位年轻的公司老板那里去推销产品。她一进办公室便开始赞美这位年轻的老板："您如此年轻，就如此有为，真了不起呀。能请教一下，您是多大开始工作的？"

"17岁。"

"17岁！真是不可思议，这个年龄时，很多人还在父母面前撒娇呢。那您什么时候开始当老板呢？"

"两年前。"

"哇，仅仅两年您就已经有如此气度，一般人真的是无法达到。对了，你怎么这么早就出来工作了呢？"

"因为家里穷，为了让妹妹能顺利读书，我只能出来打工挣钱养家。"

"你妹妹也很了不起呀,你们都很了不起呀。"

大家可以看出她的称赞已经越赞越远,最后和老板完全搭不上边了。这位老板本来已经打算签她的单了,结果后来极度反感她的过度赞美而打消了签单的意图。

过度地夸奖自己和过度地夸奖别人一样,如果一味地盲目去夸,会给人带来反感。

例如,一位职员,一个月只有 800 元的薪水,但他宣称自己月薪 4000 元,这已经是主管级的薪水了。别人会根据他的年龄和能力而很容易判断出他在说谎,在过度地夸耀自己。

2.看准时机再行动。不要一味地在别人面前展示你自己,等到真需要展示自己的时候,也许没有人会再相信你的话。

王慧为了在老板和同事面前表现自己,从不放过任何一个表现自己的机会。经常夸耀自己能说会道,要不就说自己能力强。终于有一天当他又在卖力为自己"贴金"时,一个同事不耐烦地说:"你那么厉害怎么不去当老板呢?要是我那么有能耐,我就不会在这儿当一个小职员了"。

王慧一下子语塞,不知该说什么,憋得脸红耳赤。看来只有在恰当的时机才能展现自己,并不是任何时候别人都会认同你的。

什么时候才是恰当的时机?当别人主动问你的时候,或者当大家议论到你的时候,最好是有展现必要的时候。这个时候,你都不用谦虚客气,适度地抬高自己的身价吧,一旦成功了,你的身价就会再度攀升。相反,如果不分场合一味抬高自己,不仅不会带来想象中的结果,而会带来令你沮丧的结果。

# 第七篇

# 经营扩大你的客户资源

社会就像一张网，人际关系就是编织这张网的绳索，在现代社会，仅靠个人的力量很难成功。由此可见，学会动用自己的人脉力量经营自己的客户资源是多么的重要。通过和陌生人做朋友发展自己新的客户圈，维持自己的客户资源，多做情感投资。人脉的力量，可以让你遇到困难时得到贵人相助，还可以让你的事业可以扶摇直上。

# 第 16 章　一分钟让陌生人成为你的客户

诚然,每个人都不是很喜欢和陌生人打交道,但是作为一名职场中人,你不得不学会能与陌生人在短时间内交熟的能力,并且让他成为你的客户,变陌生为熟悉,这就需要你要好好琢磨了。

## 热衷于跟陌生人交谈

很多人在初次与人交谈时,都会不自在,或者拘谨。这其实是一种对陌生环境、陌生人群的潜在恐惧心理。这种心理虽然称不上是心理病,但却是一种障碍。很多人因为拉不下脸面从而丧失了绝好的机会,与机遇也就擦肩而过。对一个生意人来说,拘谨的性格是最要不得的。

该怎样解决这一障碍?首先你要明白一个道理:为什么你跟自己的父母、老朋友等亲近和熟悉的人谈话不会感到有任何困难呢?这是因为你跟他们非常熟悉,对已经相当熟悉的人,你会感到很自然和随和,而一旦面对陌生人,因为你对陌生人一无所知,特别是进入了一个陌生人的群体,你就有可能会无所适从,甚至有潜在的恐惧的心理。所以要想在和陌生人聊天或者谈生意时,毫不拘谨,轻松自然,就要想办法把陌生人想象成老朋友,然后再慢慢变成真正的老朋友。

把陌生人变成老朋友,首先在心里你要向往那种乐于与人交往的愿望,心里有这种要求,有这种渴求,你才能有所行动。

　　将陌生人变成自己熟悉的老朋友，经常拜访就是一个很有效且快捷的方式。拜访一个陌生朋友之前，你要对拜会的客人作一些相对的了解，对对方的情况要有一个大概的认识，比如关于他的职业、癖好、性格，等等。

　　当你拜访陌生人的住所时，你应该充分发挥你的知识和观察力，通过室内的摆设，特殊物件像国画、摄影作品或乐器，等等，推断主人的兴趣所在。很有可能其中的某件物品便能牵出其主人的一段令人兴奋和难忘的经历，以此为线索，你就不难找到主人感兴趣的话题。

　　如果你不仅仅是见一个陌生人，而是要参加一个几乎全是陌生人的聚会。首先先要保持冷静。你不妨先坐在一旁，"眼观六路，耳听八方"，了解一些简单的情况。根据了解的情况，确定一个你最容易接近也值得接近的人，然后不妨走上前去做一番自我介绍，主动表达向对方示好的意愿。如果对方也同你一样，孤身一人，在聚会中没有熟人，你的主动将是极受人欢迎的。

　　在一个陌生的场合，一些人肯定是你比较喜欢接近并交往的，而有些人肯定是你不太喜欢甚至有可能讨厌的。但是不论你心里对他们有多么喜欢还是讨厌，都不要表现出来，都要主动走上前去，友好地问候一句，切忌不要暴露任何不满或鄙视的情绪。如果你总是个人主义，不去考虑别人的感受，对自己看似讨厌的人冷眼对待，或者更不说一句话，这样你就有可能会被认为是自负和自命不凡，可能有的人将这种冷落当作侮辱，从此与你产生永久的隔膜。这就有悖于社交的目的了，也不利于你以后的动向。

　　在我们漫长的事业和生活当中，不可避免地会遇到很多陌生人，可以说人生就是一个不断和陌生人接触并熟知，最后合作的过程。从来不和陌生人打交道并交好的人，生活就会像一潭死水，没有任何生命力可言。所以，我们不要总是拒绝陌生人，要勇于并主动接触他们。在和陌生人谈话时要注意以下几点,第一要有礼貌;第二不要随意打听有关对方私密的事,要有选择性地谈论话题。只要对方愿意和你结识,你们就会慢慢缩小生疏,变得越来越熟识起来。

在你已经决定和某个陌生人谈话时,就要主动介绍自己,让对方能感受到你的诚意,这样人家就会乐于跟你聊天,你就能顺利地达到最初的目的。你可以从很多方面入手,比如从工作入手,对方的或是自己的,随着交谈的深入你可以涉及其他的话题,但话题的选择一定要是双方都感兴趣的。

如果遇到比你更害怕陌生人的人,你应该首先让他心情放松,慢慢引入他,以激起他谈话的兴趣。话题的选择一定要注意,不要选择敏感的话题,也不要提及容易引起争论的问题。同时,要留意对方的眼神或者细微的反应,一旦有淡漠、厌恶的表情,应立即转换话题。

热衷于跟陌生人交谈,是现代生意人必备的一种能力,在生意场上,能够"化陌生为熟稔"不失为一种超强的能力,有了这种能力,你还愁没生意做吗?

## 主动出击,踢开"绊脚石"

在人际交往过程中,我们往往总是希望对方来主动跟自己结交,而对于主动结交别人,总是能给自己找到冠冕堂皇的理由,有时候,正是因为这些牵绊,使你错失了很多良机。

诚然,面对社会交际,有些人因为性格内向或其他原因,总是期待别人主动来找自己。其实这样做会使自己处于一种被动和不利的地步。不敢、不好意思、没有兴趣与对方交往,这些都是惧怕交际的借口,都是你潜意识里的思想在作怪,也是阻碍你事业有成的"绊脚石"。假如你能够首先对他人表现出感兴趣、主动打招呼、主动与他人说话等,这看似是极其简单的小事,但是如果你没让自己留下遗憾做到了,你就有可能把握一次重大的机遇。当你具有了主动与人交往的意识,掌握了主动与人交往的技巧,你就能赢得一个与人交往的好机会,有没有好的机会,很大程度上将影响到你的事业。

我们都要做一个这样的人:用主动和热情去感染别人,不放过每一次可能引导自己走向成功的机会。

那么,我们应该怎样"主动出击"从而成为生意场上的"常胜将军"呢?不妨用以下的方法试一下:

一、微笑,始终保持微笑。微笑是最大的魅力。微笑是人的面部表情中使用最频繁的表情。客户来访,你对他微笑,这表示"欢迎";不小心碰到了顾客,你对他微笑,这表示歉意;朋友在关键时刻帮助了你,你对他微笑,这表示发自内心的感激;交给属下一项关键的任务,同时对他微笑,表示对他的肯定和信任……微笑具有这样平凡的笑容而不平凡的魅力,它总能随时传达各种善意。交际就如同照镜子,你对人微笑别人才会回报以微笑。在人的交际中,微笑是最能体现价值的。因此有人把微笑比喻为人际交往的第一张"通行证"。

二、正视对方的眼睛。要想和对方深入地交谈,就要勇于正视对方的眼睛。这在人际交往中有极为重要的意义。你正视对方的眼睛,这表示你对对方的注意和尊重,表达了你愿意与对方交往的愿望和诚意,并且表达了你对对方所叙述内容的兴趣。但是,正视对方的眼睛也有很多的技巧,注视也要有分寸。如果你试图捕捉别人的目光并试图长时间凝视,这意味着对别人的侵犯,会让别人感到极不舒服,甚至招致反感。

三、求助他人。美国前总统富兰克林与宾夕法尼亚州立法部门某议员,曾经发生政治对抗和敌视态度,但富兰克林并不希望两人一直这样冷战下去,于是向对方借阅一本十分珍贵的书籍,该议员没有拒绝,自此双方的关系缓和了下来,并以此为新的起点,慢慢两人结为至交。在人际交往中,有意识地求助于他人不失为一种主动与人示好的策略和技巧。

四、增强自身交往的信心。心理学研究表明,很多人由于缺乏自信心而不敢主动地去和他人示好,总是害怕自己的主动交谈遭到拒绝或遇白眼,从而陷入窘迫。其实,在现实生活中每个人的潜意识里都有交往的需要,也多少懂得交际的常识。只要你主动与他人交往,一般都能得到相应的回应。树立自信,"主动出击",你的境遇将会意想不到。

五、频频出场,留下深刻印象。第一印象很重要,但第一次会面以后便不再露面是生意场上最要不得的。所以频频出场,经常出现在对方的视线中,或者经常约别人见面。久而久之,对方就会习惯于你的出现,再加上第一次会面的美好印象,别人就会永远记得你,而下一步的事情你还有什么可愁的?

## "你好"——喊出对方名字是成功的第一步

一般情况,人们只对自己感兴趣。人的本性就是关心自己多于关心别人。而当你学会关心别人了,也就踏出了成功的第一步。关心别人应该从记住别人的名字开始,因为一个人最基本的标志就是他的名字。沟通大师卡耐基说过:"一个人的名字,是他耳朵里所能听到最悦耳最美妙的声音。"

作为想要成功的生意人,我们更应该掌握这一项技能,因为无论在生活中还是在工作中我们都不可避免地要跟很多人打交道,记住这些人的名字会对自己以后的发展起到不可估量的作用。在社交礼仪中忘记别人的名字,特别是记错别人的名字是很不礼貌的行为。举个简单的例子,比如你到了一个新单位,跟新的同事做完自我介绍之后,你觉得别人都应该能够记住你,可是一会儿有同事走过来问你:"喂,你叫什么名字?"你当时肯定会火冒三丈,刚介绍完,怎么还问呢,太不尊重人了,但是碍于情面你又不好意思发火。"待人如我"要反过来考虑，你如果老问别人叫什么名字，对方也一定心里对你有不好的看法。

所以，记住别人的名字是我们必须要掌握的一项技能。

那么，我们怎样才能在第一次见面就记住别人的名字呢？首先我们要对第一次见面的人感兴趣，并且有意识地将他（她）的名字带到谈话的内容，再适当运用一些小技巧，在谈话中要多次涉及对方名字，比如谈到逛街的时候，我们通常会直接问对方，"你喜欢去哪儿逛街啊？"其实我们可以这样问：×，你平常都喜欢去哪些地方逛呢？这样第一次见面时，名字说得多了，也就不容易忘记了。再比如跟别人分开的时候，不要单纯地说"再见"，而是"×再见"。如果你记住了对方的名字，下一次你们在路上相遇时，你一下叫出了他（她）的名字，他一定会十分高兴，面色如花。

这样你就跨出了成功的第一步。

著名钢铁大王卡内基也不例外，他走向成功的第一步也是从记住别人的名字开始的。卡内基说："能够记住别人的名字且从不出错是一项很了不起的本事。"如果你能记得对方的名字，并且在公众场合响亮地喊出来，这相当于给了对方一个很巧妙的赞美，但是如果你将他的名字记错了，并且喊了出来，你想那会多糗呀，那会是多么糟糕的一件事情啊！

卡内基虽然被人称为钢铁大王，但是他自己对钢铁的制造却了解很少。他手下至少有好几百人，都比他更了解钢铁，甚至比他知道怎样为人处世，但是为什么他能够成为钢铁大王，能够成功呢？因为卡内基是一个能对别人的名字"过耳不忘"的高手。

在卡内基幼年的时候，就表现出极强的组织才能和领导天才。8岁的时候，他就发现人们对自己的姓名看得非常的重要。于是他就利用这个发现，去跟别人合作，得到自己想要的东西。有一次他去山上玩儿，抓到一只兔子，那是一只母兔。很快他就发现了一整窝的小兔子，但是没有东西喂它们。一会儿，他灵机一动，想到了一个很巧妙的方法，他对附近那些孩子们说,如果他们找到足够的首蓿和蒲公英,喂饱那些小兔子,他就以他们的名字来替那些兔子命名。这个方法果然奏效了,那些孩子都争先恐后地去找首蓿和蒲公英来喂兔子。这件事卡内基一直都忘不了。

多年后,卡内基又用同样的方法满足了自己的需求,他希望把钢铁轨道卖给宾夕法尼亚铁路公司,但是又不知道应该怎么做,苦闷之际,他想起了小时候的事,而当时担任该公司的董事长叫艾格汤姆森。于是,卡内基在匹兹堡建立了一座巨大的钢铁工厂,并且取名为"艾格汤姆森钢铁工厂",顺理成章的,艾格汤姆森买下了这座"艾格汤姆森钢铁工厂"。卡内基又一次成功了。

类似的事情在卡内基身上发生过无数次。看,仅仅因为记住了别人的名字,卡内基就办成了无数件大事,这足以说明一个人的名字在人际交往中的重要性。

可是回想一下,平时我们又是怎么做的呢?因为轻视这个问题,所以不肯甚至不想去为一个名字而浪费时间和精力,这样,看起来是节省了很多的时间和精力去办别的事情,但是到关键时刻却恨不得多生两个脑袋来想起那两三个关键的字。可是往往事与愿违,想破了脑袋,脑袋里也蹦不出半个字来。这是一种多么可笑的事啊。

要知道,记住一个人的名字,是一件再简单不过的事情,但同样也是赢得他人好感的最简单的方法。记住别人的名字,别人就会感到自己的重要性,从而你在他的心里也有了重要性,事情就是这么简单,因为简单所以更容易被我们忽略。名字是一个人的代称。当两人相互认识时,姓名对对方而言则代表一切。记住他人的名字等于记住了这个人,显示你对对方的尊重,生意场上无小事,记住别人的名字,别人才会记住你和你的事业。

记住别人的名字,这是一件很简单的事情,但就是这样简单的事情却常常能制造出奇迹,能够让你在人脉中畅通无阻。生意场上,只要我们从他人的名字上着手，有些事就可以事半功倍，收到意想不到的效果。因此，要想赢得别人的欢迎，要想成功，请记住："交际中，最明显、最简单、最重要、最能得到好感的方法，就是记住人家的名字，喊出一个人名字，是任何语言中最甜蜜的声音。"

## 打开"话匣子"，跟别人总能有话说

无论是在工作中还是生活中，我们都要开口说话，与人沟通。做生意更是如此，而且多半是和陌生人交谈，开口说话更是决定你的人缘。有一个报社曾做过这样一个有趣的统计：一个老板从早上醒来睁开眼到晚上入睡，一天之中平均要说三千五百多句话。做生意谈订单，要说话；管理员工，要说话；商务社交，要说话；说服投资人给自己投资，要说话。所谓在其位，谋其政。生意人就是这样，进入生意圈，就要做生意人该做的事，说生意圈该说的话。说话做事，接人待物，样样都不能少，都要思前想后，精雕细琢。

但是有些人感到与人无话可谈，特别是陌生人，与对方一坐在一起，就感到气氛很压抑、很尴尬，不知道该说什么，更不知道该从哪儿说，于是嘴巴闭紧。殊不知，"嘴巴闭紧，生意无门"，没有人是"闭着嘴巴"就能把生意谈成的。有的人用上九牛二虎之力，费尽口舌，甚至把嗓子都说哑了才能谈成一两桩生意，而"闭着嘴巴"无疑将这一两桩生意也闭之门外了。

其实不是你无话可谈，而是你的话匣子还没有打开，你没有找到话题的切入点，这就好像电视中演的被武林高手点了哑穴一般，只要把你的穴道解开了，你的话匣子也就自然打开了，你就能侃侃而谈、口吐莲花。生意也可能会自动送上门的。

那么怎样才能打开自己的话匣子，找到共同的话题呢？我们可以从以下几方面着手：

以大众事件为媒：

与刚认识的人在一起谈话，一时间又找不到合适的话题，那么我们可以老百姓们关心的社会事件为引子，把首次的话题对准大众，这类话题往往是大家都想谈、爱谈，也善谈的，所以以大众事件为媒介，常常是人们从陌生度向深交的桥梁，而又为生意场人所喜爱。

投石问路巧搭话：

如果摸不清对方的"底细"，不妨用投石问路的方法，探明深浅再前进，这样做会比较有把握。与陌生人交谈，不妨先问一些"投石式"的问题，稍微有一些了解后再进行有目的的交谈，这样才会使交谈变得如鱼得水。什么才叫"投石式"的问题呢？打个比方，参加一次聚会，见到身边陌生的朋友，你可以先"投石"式地问他：请问你和这家主人是亲戚还是同事？无论回复是还是否，这些都不重要，重要的是你最起码可以跟对方顺着这条路交谈下去。

谈对方熟悉的事：

对于性格内向而又害羞的人，在人际交往中本来就不喜欢说很多的话，属于比较安静的类型，在人多的场合，他们的角色只是听众，这时你就要从理解的角度出发，不妨做个谈话的导师，在他最为熟悉的事情上主动引导，以便寻找话题，用这样的方式来引起他的谈话兴趣，这样他可能就会打开这层话匣子，然后就会滔滔不绝。

专心致志巧刺激：

跟人交谈时，有时会出现冷场现象，有时你跟他人正在交谈期间如果突然有人沉默起来，你也会忽然感到无话可说了。这多半是因为你们的注意力没有高度集中在你们的谈话上，被脑海中其他的想法打断，所以你们的谈话也出现了中断。因此，从一开始跟人谈话，你就要一直把注意力集中在眼前正在交谈着的话题上，脑海中构思的事情也要围绕你们所谈到的话题,你需要抓谈话中涉及的每一个要点,耐心地去思考每一句话的含义,发散你的思维不断扩展谈话的题材,那么你们之间的谈话将会源源不断,谈话的线路也就会畅通无阻。

# 善用身体语言,拉近彼此距离

在跟人打交道的过程中,说话是我们常用到的交流方式,但同时我们也免不了还要用到另一种语言方式,那就是我们的肢体语言。我们的身体经常在自觉或不自觉中传递出各类信息,这些信息就是肢体语言。肢体语言也是我们常用到的交际方式,同时这也是一种必不可少的沟通手段,科学研究表明,在人际交往中,肢体语言所表现出来的信息要比有声语言的信息多五倍!

可见肢体语言在人际交往中的重要性。

在日常生活和工作中,每一天,我们都会做成千上万个肢体动作,有的是生活的需要,有的是工作需要,比如,如果一位老师的肢体语言比较丰富,那在课堂上就比较富有感染力,能够吸引学生,这样教学效果会事半功倍。在这些肢体动作中,有的是非常具有民族特色的,比如,握手、拥抱、敬礼、鞠躬、抱拳,等等,这些肢体语言已经成为礼仪的象征,如果你可以很好地用肢体语言来表达自己的意思,那么你会被认为是有涵养的文明人,反之会被认为粗俗,没有礼貌,缺乏修养,这样在生意场上,你可能就会遇到一些不必要的麻烦。所以我们有必要了解肢体语言的一些相关知识,这种知识足以提高我们的交际能力,同时也会让我们的生活变得多姿多彩。

常见的肢体语言大致有以下几种:

一、握手。这是我们初次见面和告别时的礼貌动作,也是最重要的肢体语言之一。根据对象的不同,我们选择的握手方式也会不同,一般按照当地习俗就行了。一般情况下，与同性的长辈握手，要先用右手握住对方的右手，再用左手握住对方的右手手背。实际上也就是双手相握，以表示对长辈的尊重和热情。而与同龄人、晚辈握手，只要伸出右手，和对方紧紧一握就可以了。当对待异性，特别是男性和女性握手，我们只应该伸出右手，握住对方的四个指头就可以。如果男性用力去全握或是抓紧对方的手不放，都是很不礼貌的，这样会给对方留下很不好的印象，甚至会引起对方的反感。

二、手势。手是人身上最为灵活的一个部位，每个人在沟通交流的时候都会伴随着不同的手势，这些手势可以使我们的表达更加完美，效果更好。人们可以用手势来展示自我形象，也可以表达某种强烈的情绪。比如，用十指指着对方，或是在讲话的同时挥动着拳头，都是极不礼貌的行为，很容易引起人们的反感，所以这些招人嫌、惹人厌的手势和动作我们一定要避免。

三、立姿。很多生意人在跟人谈生意的时候，会有这样的习惯：一边站着，一边不断地摇晃肩膀，不断地倒换双脚。本来你没别的意思，但是在对方看来这个动作表示的意思是你已经不耐烦，想要尽快结束这场讨论，这是很不礼貌的，而且也不尊重对方。碰到注重细节的客户，很可能马上就会给你脸色，也许一桩本来觉得十拿九稳的生意就因为你的立姿而黄了。所以一定要注意立姿，所谓立姿应该是：一脚稍微在前，一脚靠后为重心，不要摇头晃脑，这样才会显得比较稳重。

四、坐姿。无论拜访客户还是接待客户，往往都是以坐着为主，坐也要讲究坐姿。也许你已经习惯了，在沙发上或是椅子上，要不两腿伸得长长的，要不就跷个二郎腿左晃晃，右动动，这样很随意，或许是一种习惯，但这是很令人反感的小动作。如果因为这些让人反感的小动作而在生意场上因此失去了一次千载难逢的机会，那么，你就因小失大了。

五、鞠躬。有的人去拜访客户，见老板不在场，只有几个小职员，于是理都不理就直接坐下。这是一个很失礼的行为,在这一点上日本人就做得非常好,日本人在拜访他人时,经常都是不论谁在都先向在场的人员鞠个90度的躬,问声大家好!用在生意场上也是一个赢得别人好感的小动作。

六、点头。点头微笑,是生意场上最好的肢体语言。比如,大家在会场、在饭厅、在办公室正在一起谈话的时候,你都可以用点头的肢体语言表示自己的问候。你向属下点下头,属下就能感受到你的信任和鼓励,你对陌生的朋友点头,他人就能感受到发自你身上的善意,小动作做得好了往往可以给人以温暖和鼓励,对自己来说甚微,但是对别人来说有时候会具有特殊的意义。

这六种是最常见的肢体语言,实际上,只要我们在平时与人交往的时候注意生活中的细节,一树一菩提,一沙一世界,生活的一切原本是由细节构成,细节的事往往发挥着重大的作用。生意场上有一些动作是很不礼貌的,我们一定要避免这些错误的细节,下面举出几个较为典型的例子,大家引以为戒:

1.手摸脸颊:犹豫,没有把握;

2.手托下巴撑着脑袋:思维涣散;

3.摆弄手机、打火机或其他物品:心不在焉;

4.身体前后摆动:紧张或有疑问;

5.不停搓手:紧张;

6.双手背后:展示权威;

7.姿势"过于舒适":傲慢;

8.啃指甲或吸吮大拇指:内心冲突、焦虑。

# 与陌生人交往的分寸和技巧

在生意场上，很多人对陌生人都会有一种抵触心理，一开始和陌生人交往就浑身不自在，就像是芒刺在背。还有一些人，因为身份显著，所以就妄自藐视他人，根据自己的喜好来选择交往的对象。这对个人发展是大为不利的。

与人相交，是要把握分寸和技巧的，最好的结果就是能突破彼此的心理戒备，给对方留下好感，把你有礼貌、重情义的一面展露出来。只有这样你才能在生意场上广交朋友，所谓"多个朋友多条路"，路多了，自然生意就好做得多。

那么如何把握交际场的技巧和分寸呢？

投其所好，应其所需

在与对方交往时，可以先对其现就职业、性格、癖好等有一个全方位的了解，这样在交往的过程中，才能稳扎稳打，并能投其所好，赢来好感，于是你们之间的关系将有一个良好的开端。

当你特意想要去结识一个从未交往过的陌生人时，这其实也是对你个人的一次挑战。在挑战之前，一定要做好充分的准备，比如设想与其交往过程中可能出现的种种问题，设身处地地去思考，以静制动，以不变应万变。与陌生人交谈其实就如同和异性相处，要做到有的放矢、投其所好、应其所需，才能两情相悦，天长地久。

挖掘共同点，把握交往度

两个趣味相投的人在一起才会有酒逢知己千杯少的慨叹，总会有说不完的话题。因此，我们在和陌生人交往时，不妨多从彼此在兴趣、爱好、经历等方面的共同之处着手，这样才能越谈越投机，这是迅速增进彼此感情，拉近距离的常用方法也是最有效的方法。

间接赞美对方

有些时候,对陌生人直接地赞美会显得不合时宜、不伦不类,而且有唐突之嫌,所以我们应采取间接和迂回的方式,例如你可以赞美与对方密切相关的其他事物,穿着、饰品、饲养的小宠物,等等。如此这般,也可以表现自己对对方眼光独到、经营有方的欣赏和赞同。

建筑公司的白经理听说本市某文化单位要建一座影剧院,煞费苦心做了一番准备,第二天就去了该文化公司。一见到负责这项事务的张经理便说:"哇!好气派。我很少见过这么漂亮的办公室,如果我也有一间这样的办公室,我也不枉活这一辈子。"然后他又摸了摸办公椅扶手说,"这不是香山红木吗?难得一见的上等木料。"

"是吗?"张经理大为得意,说,"我这整个办公室是请上海装潢厂家装修设计的。"说完,亲自带着白经理参观了整个办公室,介绍了价格区间、装修材料、色彩调配,兴致勃勃,喜悦与满足之感溢于言表。

如此,白经理自然拿到了张经理签字的订购合同。

白经理没有直接赞赏张经理有品位、有见地,而是间接地称赞张经理办公室来表达对其品位的欣赏,令对方备感满足,兴致大发,于是自然的也就拉近了与陌生人之间的感情,做成生意自然不成问题。

坦诚介绍自己

当我们面对陌生人,特别是面对自己希望交好的陌生人时,大可不必遮遮掩掩,应该坦诚以对,将"赤裸裸"的自己坦然表露给对方,自己的真诚一定也能够迎来另一颗真诚的心,这样将迅速拉近距离不成问题,有难同当也不成问题。

以对方为中心

熟悉的事物总能唤起人们心中的认同感和归属感。当与陌生人交谈时,不妨根据对方的背景,多谈一些对方所熟知的事物,这样则能够经常勾起对方的回忆,营造一种温馨、妥帖的环境氛围,使之感到如此之亲切的感觉，居然发自自己这样一个陌生人之口，肯定对方会对自己产生亲切熟稔之感，这就仿佛"他乡遇故知"的感觉，还有什么事情是不好商量，还有什么事情是不好解决的呢？

# 第17章 培养客户忠诚度,让公司没你不行

面对客户,怎样才能让对方有和你合作的意愿?面对公司,怎样才能让老板觉得没你不行?看看下面的章节吧,它会告诉你怎样做到上述这些,会告诉你怎样成为一块"钻石"。

## 从开场白就要对客户讨巧

不论是面对经常合作的客户,还是面对第一次合作的客户,开场白都是必不可少的,都能让对方迅速明白你的意图。这可以说是客户对销售人员第一印象的再次定格。虽然经常讲用第一印象去评判一个人未必是真实的,往往我们的客户却经常用第一印象来评价你,这很大程度上决定了客户愿不愿意给你机会继续谈下去。

在这里值得一提的是,如果是你主动征得客户同意会面的,您的开场白就显得非常重要;而如果是客户主动约见你,客户的开场白就决定了你的导向。

开场白一般来讲,包括以下几个部分:

1.对客户百忙之中接见你表示感谢;

2.适当的问候和自我介绍;

3.说明来访的真实目的(此中突出客户的价值,吸引对方);

4.转向探测需求(以问题结束,好让客户开口讲话)。

一位销售人员如约来到客户苏经理的办公室。

开场："苏总，您好！看您这么忙还抽出宝贵的时间来接待我，真是非常感谢！(感谢客户)苏总，您办公室装修简约而不失风格，可以想象您应该是一个很有品位的人！(赞美)这是我的名片，日后请多指教！(第一次见面，以交换名片自我介绍)苏总以前接触过我们公司吗？(停顿)我们公司是国内最大的为客户提供个性化办公方案服务的公司之一。我们了解到现在的企业不仅关注提升市场化水平、增加利润，同时也关注如何更有效地节约管理资源；考虑到您作为企业的负责人，肯定很关注如何最合理配置您的办公设备，节省成本，所以，今天来与您简单交流一下，看有没有我们公司能效力的。(介绍此次来的目的，突出客户的利益)请问贵公司目前正在使用哪个品牌的办公设备？(问题结束，让客户开口)

从上面的例子可以看出，开场白要达到的首要目标就是把客户的注意力吸引过来，引起客户的兴趣，使客户并不反感我们，而继续与我们交谈下去。所以在开场白中有效地陈述能给客户带来何种价值就非常重要。但这并不是一件容易的事，这不仅仅要求销售人员对自己所销售的产品和能提供的服务要了如指掌，并且要突出客户关心的部分，找出我们产品能即将带给他们的价值。因为，每个人对一件物品的需求是不同的，同样购买一件衣服，有的人考虑的是衣服的价格，有的人考虑的是衣服的质量，有的人考虑的是衣服的品牌，等等，他关注的就是这件衣服的价值所在，如果这件衣服有 10 个好处，顾客如果能考虑 2~3 个好处就足以促使他购买了，因此，如何找出客户最关心的价值所在，是开场的关键部分。

那么如何吸引客户的注意力，有以下几种常用的方法：

1.谈及客户目前最关注的问题

听您的朋友提起，您现在最头疼的是产品的回收率很高，通过调整了生产流水线，这个问题还没有从根本上改善……

2.谈到自己和客户都比较熟悉的第三人

您的朋友某某介绍我与您联系的,说您近期想增置几套设备……

**3.适时并适度地赞美对方**

他们说您是这方面的专家,所以也想和您交流一下……

**4.适当提起他的竞争对手**

我们刚刚和众和公司有过合作,他们认为……

**5.引起他对某件事情的共鸣(原则上是客户也认同这一观点)**

很多人认为上门面对面拜访客户是一种最有效的销售方式,不知道你是怎么看的……

**6.用显而易见的事实来引起客户的兴趣和注意力**

通过增加这个设备,可以使您提升 50%的生产效率……

我知道贵企业现在的产品回收率比较高,如果有一种方法使您的回收率降低一半的话,您是否有兴趣了解?

**7.有时效性和针对性的**

我觉得这个活动能给您节省很多话费,同时也截止到 12 月 31 日,所以应该让您知道……

上面这几种方法,可结合交叉使用,重要的是要根据当时的实际情况。当然我们在与客户交谈的时候,一定要以积极的态度来表达自己真诚与客户合作的决心。好的开场白应注意的以下一些问题:

**最好先电话预约**

一般情况下,销售产品前最好先找到目标客户,然后先打电话接触,预约拜访,再去见面。如果事前没有预约突然跑过去,会让客户觉得比较唐突而不可思议,甚至厌烦,大多数情况会被拒绝或草草打发。所以前期的准备工作也显得非常重要,及时有效的沟通也有助于提高效率,更准确地筛选目标客户。

**有的放矢**

提高成功率,首先要准确地选择你的目标客户。目标客户选定后,还要多了解与其相关信息,比如,企业的现状,其产品在市场上的占有率,其经营思路如何,其自身企业在市场上的优劣势,以及你的服务能给他们带来怎样的优势,在其他市场的表现如何,为何选择与他合作的理由。有了以上的准备,再加上你的临场应变能力,相信您的开场白问题已经不难解决了。

**不要每次都用固定的开场白**

销售人员最关键的是要灵活,因为每个客户的情况不同,用一个千篇一律的开场白,可能把事情搞糟。不论是怎样的开场白,只要能短时间内吸引住顾客,让他对你所说的话感兴趣,有想更进一步了解的欲望的开场白就是好的开场。这不局限在个人的话语上,而且包括您的打扮,言行举止等。所以销售人员的个人修养,周密的思考都很重要。无论怎样的开场白,一般都要达到以下目的。

1.明确您的目的;

2.使客户愿意和您交谈;

3.能和您继续交谈下去。

**随时注意应变和专业度**

的确,客户群体各式各样,和不同的客户面谈,针对不同性格的人、不同的环境、不同层次的人,都要我们及时做出有效的判断,从谈吐(语速、语气)、举止(肢体语言、习惯性动作)、领域(产品知识、销售技巧、沟通技巧)等多方面给客户一个良好的印象,为自己的最终结果打好前奏,相信会离成功更近一点。

# 满足他人的自我认同和需求

自我认同感是一个人内心自我认可的标志，是体现一个人情商高低的主要标尺之一。销售要懂得充分激发客户的自我认同感，才能有效和客户建立起长期有效的合作关系。

自我认同感源自心理学家埃里克森理论中的一个重要概念，是指"一种了解自身的感触，一种能预知个人未来目标的感觉，一种从他信赖的人们中获得所期待、认可的内在自信"。自我认同既是自己内心所了解的，也和所信赖的人期望一致，同时又具有一定的未来性。在我们想和别人建立可靠关系之前，必须对自己本身要有一种信赖感，换句话说，在我们喜欢别人之前，必须不厌恶自我。这个理论在销售中体现得淋漓尽致。简而言之，客户必须先信任销售人员，对销售员产生一定的认同感，他们才可能放心地下单购买你的产品。

通过下面的一个故事，对销售员的发展可能有一些启发作用。

张雪上门去推销化妆品，女主人非常客气地拒绝了她："对不起，我现在还没有能力购买，等有能力了再购买，可以吗？"

但细心的张雪看到了女主人怀里抱着一条名贵的狗，知道"没能力购买"只是她拒绝自己的一句托词。于是，她微笑着说："您这小狗真可爱，一看就知道是很名贵的狗。"

"你真有眼光！"

"那您一定在这个狗宝宝身上花了不少的钱和精力吧？"

"对呀，对呀。"女主人开始很高兴地为张雪介绍她为这条狗所花费的钱和精力。

张雪非常认真地听着女主人的介绍，在一个非常适当的时机，她插了话："能有这样品位和精力的人，一定不是普通阶层。就像这些化妆品，虽然价钱比较贵，所以也并不是每个人都可以使用得上的，只有那些高收入、高档次有品位的女士，才享用得起。"

最后，女主人听后，很愉快地买下了一套化妆品。

由此可见，赞美客户绝不是简单的奉承语的叠加，而是在激发客户潜在的自我认同感，当他的自我认同感被激发后，也会对你产生信任感。所以，聪明的销售员在赞美对方的时候，都会运用一些技巧，选择恰当的时机，巧妙地把几句赞美的语言不动声色地送出去。

## 多多倾听，再去诉说

学会倾听对于一个急于实现自己目的的销售员来说并非易事，倾听在销售行业更是重中之重。古希腊先哲苏格拉底说："上天赐人以两耳两目，但只有一口，欲使其多闻多见而少言。"寥寥数语，形象而深刻地说明了"倾听"的重要性。

人与人之间正常的交往需要有效的沟通、合作，能不能静下心来倾听，不仅反映着一个人的道德修养水准，还关系到能否与他人建立起一种牢固的伙伴关系。在很多时候，我们更需要的往往不是口腹之欲，而是一方可以栖息心灵的芳草地。

如果销售人员能静下心来认认真真地倾听客户谈话而不急着去打断，客户可以准确地提出自己的意见和要求，这除了可以让他们的自尊心和自信心得到满足，更在一定程度上满足了他的倾诉欲。而且在倾听的过程中，销售人员可以通过倾听来把握客户的一些基本的信息以及意愿，然后，销售人员就可以对症下药，做出令客户满意的答复，最终实现成交。

卡耐基说："在生意场上，做一名好的听众远比自己夸夸其谈有用得多。如果你对客户的话感兴趣，并且有急切想听下去的愿望，那么订单通常会不请自到。"沟通从来都不是单方面的：从销售人员来说，他们需要通过客户的倾听来使其达到预想的目的;同时,销售人员也需要通过提问和倾听接收来自客户的信息,从而能有效、直接地从客户那里了解到最希望得到的信息。从客户一方来说,他们既需要通过倾听来对产品或者服务做最基本的了解,也需要通过接受销售人员的劝说来坚定购买信心。同时,他们还需要通过一定的陈述来表达自己的需求和意见。甚至有时候,他们还需要向销售人员倾诉自己遇到的难题等。可见,在整个销售沟通过程中,客户与销售人员都不是单单的一方,双方都需要通过一定的陈述并耐心地聆听才能各自达成目的,促成互利结果。

积极倾听能够激发讲话者的倾诉欲,使双方能有效地互动起来。首先,它需要倾听者的积极感悟去理解。把这种理解反馈给讲话者,同时也能给予倾听者验证自己的判断和听到的是否符合。其次,积极倾听的反馈能够帮助讲话者更准确地表达观点,使交流更加准确。积极倾听的反馈能帮助讲话者发展他们的思想,给予他们进一步表达观点的机会或者做进一步的补充。通过积极的倾听你可以收集到更多的信息,使交流变得越来越满意。

一位成功的销售人员同时也是一位最好的聆听者,在聆听的过程中,也有以下四个基本步骤:

1.先耐心地聆听对方的想法和观点。

2.对对方的想法和观点做出回应。

3.表示自己理解和接受对方的内容。

4.鼓励对方进一步地发表自己的观点。

在整个聆听的过程中,又需要掌握以下技巧:

1.静下心来——现在你只需要聆听。

2.聚精会神——把注意力及时间都放在对方身上。

3.认真观察——当对方重复讲述同一观点的时候,不要着急转移注意力或者表现出不耐烦,不同的语气表达同一件事,蕴涵的意义并不一样。

4.乐意接受——对于对方所讲的内容,不要随意表现出你对对方讲话的不尊重,即使你早就听说过,也要耐心听下去,耐心,是你成功的一个关键。

5.身体语言——聆听对方说话的同时,注意他的态度、语气和动作,这些都会告诉你更多有关于他要表达的感受。

## 拜客户为师,是对他最大的尊重

作为一名成功的销售人员,应该坚定自己的信心,虚心向客户求教,这样才能提高自己的业务能力,并且会不断积累自己的知识,从而提高成交概率的。实践证明那些死要面子,放不下架子的销售是永远不会成功的。

我们都有这样的感觉,当别人问到自己比较感兴趣的或者比较了解的问题时,自己就会变得侃侃而谈,所以,请教客户一些与业务相关的问题是吸引潜在客户一个很有效的方法。当客户表达自己的看法时,你不仅能够了解客户的想法、需求,同时也能引起客户的注意,另一方面你也满足了潜在客户被人请教的优越感。也许因为这样一个小小的请教,你的潜在客户会变成你的准客户哟。

在和客户交谈的时候,无论他们出于有意还是无意,都会促使你的大脑以最快的速度去调动和组织你所学的产品知识、专业知识和销售技巧,这也是你检验所学知识是否有价值的最好的机会。因为只有用你的销售技巧去向客户传递你的产品信息,并且被客户认可,能够为他们带来利益,才能说明你所学的是有价值的。只要你能够让客户感受到你的诚意,客户也可能会教会你如何运用你所学的知识、教会你该如何在他们那里得到认可,甚至教会你如何才能够在竞争激烈的销售行业脱颖而出。

很多销售人员觉得只要自己多学习、多培训就可以了,他们从来不会想到从客户那里还能学到自己需要的东西,面对客户态度不端正,骄傲自满，觉得自己什么都懂，这种态度是万万不可取的，它会是影响我们成功的主要障碍。不懂就是不懂，不能有半点虚伪。如果不懂装懂，工作中出现差错，到时候丢了面子是小事，造成不可挽回的损失就麻烦了。只有不耻下问，才能把模糊的问题弄清楚，而不至于闹出笑话、造成损失。古人云，"不食则饥，不学则愚"。人没有智慧并不可怕，可怕的是不肯勤学苦练，耻于向别人请教。不善于学习的人往往不懂装懂，还总是在人前卖弄，被自满冲昏了头脑，这种人只会招致轻蔑的目光。"三人行，必有我师焉"，每个人都有自己的优点，只有勤于向别人请教才能充实自己，才能集众家之长，才会走向成功。

客户在一定程度上来讲，是我们的老师。通过你和客户的见面沟通，可以学会如何礼貌地介绍自己，有效地安排双方都愿意接受的会面日程；你和客户见面时，可以养成准时、高效等优秀的习惯。在客户有突发事情无法按时应约时，你可以学会包容，并锻炼自己等待的耐心；当客户和你坦诚交流时，你会学到很多与人相处和沟通的技巧，即使客户的态度不是很好，你也能学会如何换位思考，从而赢得客户的尊敬；你在和客户交流时，无论他们出于有意还是无意，都会促使你快速、积极地调动和组织你那曾经不太熟悉的产品知识、专业知识和销售技巧，你会从实践中来把握这一系列技巧。只要你有足够的诚意，客户或多或少都能教会你现场的应用知识、教会你该如何在他们那里得到认可，甚至教会你如何才能够实现差异化，实现你所期望的合作。

马恩在开始作销售时，相关的产品用途以及相关知识都是从与客户的沟通中学到的。看似幼稚，但实则非常聪明，起码比那些不思进取，老以为自己懂得最多的人要聪明得多。谈到成功销售的关键因素，马恩就会说要了解客户需求，为客户提供解决方案，找到关键的切入点，与竞争对手的差异化，等等。

再优秀的销售员也没有客户本身了解客户的需求。所以你在开始接触客户时，一定要把自己当作学生，虚心请教，从一开始就赢得客户的信任，他们才会把需求明白地告诉你。你也才有机会真正地把你的产品和客户的需求结合在一起，从而找到最合适的，有差异化地解决方案，令你的对手望尘莫及。那种抱着"给客户洗脑的想法"的人并不一定会得到客户信任的，有时还会令客户反感。所以，无论你是否有着丰富的销售经验，在与客户沟通时，一直要抱着尊重和学习的态度，这样你会受益匪浅的。

## 成为能给客户带来切实利益的人

一个成功的销售员不仅仅只有"嘴上的功夫"，他能让客户清楚地了解到自己的产品会给客户带来何种价值，让客户亲身感觉到这个产品会给自己带来切实的利益。

一般来看，客户的需求分为两类，一类是现实需求，一类是虚拟需求。虚拟需求的存在空间一定程度上甚至大于现实需求。你仔细想想看，当你决定购买一些东西时，你有过事先就购买的计划吗？有些东西也许你事先也没想到要购买，但是一旦你决定购买时，总是有一些理由支持你去做这件事。

仔细想想，这些所谓的理由才是我们真正要抓住的关键点。例如一位女士最近换了一台体积很小的微型车，省油、价格便宜、方便停车都是车子的优点，但真正的理由是她路边停车的技术太差，常常都因停车技术不好而发生尴尬的事情。而她现在所购买的这辆微型车能完全解决这位女士停车技术差的困扰，所以这才是她真正购买的理由。我们可以从美国一家房地产公司 Homestime 的成功中得到点启迪。

Homestime 是美国的一家个人住宅开发建造公司，其规模已经横跨美国大半个市场，现已成为美国首屈一指的住宅建造公司。其完备的顾客服务体系和高质量的建筑用料及品位，赢得了顾客最多的满意，且这种满意程度使得众多顾客以这家公司建设为荣，并极力推荐给自己相熟的人，这是促进 Homestime 公司迅速发展和扩张的最大原因。Homestime 公司总是努力为客户做好善后的保证工作。他们发现，客户往往更加在乎房屋建成后如何做好维护的问题，这个时候，客户就有与建筑商建立长期合作的的愿望，此时就是抓住客户、搞好关系的最佳时刻。所以，Homestime 不仅会如实告知工程中出现的问题，甚至还指导客户如何去发现问题，比如教他们及时发现水管的裂缝、哪些地方渗水等问题，这样做其实是为公司省下了钱。Homestime 要求项目负责人在建造前期就要针对不同客户，对于整个购买过程做好预期方案和安排。

你的商品有再多的特性与优点，若不能让客户知道或客户不认为会使用到，再好的特性及优点，对客户而言，都不能称为利益。反之，若你能全面地发掘客户的潜在要求，找出产品的特性及优点，满足客户的特殊需求，或解决客户的特殊问题，这个特点就有无穷的价值，这也是销售人员们存在价值的充分体现。而销售人员对客户最大的利益，就是能够满足客户各方面的要求和问题，甚至是潜在要求等。

如何让客户得到最大的满足呢？销售人员带给客户累积的特殊利益愈多，客户愈能得到最大的满足。

也就是说，我们要掌握将潜在利益转化为现实利益的技巧，具体步骤如下：

步骤 1：从事实调查中发掘客户的特殊需求；

步骤 2：从交流询问中发掘客户的特殊要求；

步骤 3：介绍产品的特点说明产品的各种特性及优点；

步骤 4：介绍产品能给客户所带来的特殊利益，阐述产品能满足客户特殊需求。

因此，我们可从客户购买产品的各种理由中，找出客户购买的最佳动机，发掘客户最关心的利益点。只有全方位地去了解和把握，才能顺利地完成你所期望的价值。

# 放长线钓大鱼

每个人的一生都会遇到各种机遇和诱惑,面对这些,我们要用心去分析,不要盲目投入。人生就如股市一样,真正的大赢家属于那些"放长线钓大鱼"有定性的稳健投资者,而盲目地出手多半竹篮打水一场空。

有时,我们要耐得住寂寞,寂寞从来不是一直存在的,只有尊重寂寞,坚守寂寞的人才能获得另外一个超脱的自己,从而守住自己最初的梦想。寂寞是成功者必经的台阶,但要耐得住寂寞,并不是说说那么简单,需要强大的适应神经。

人这一辈子,从来都不是顺风顺水,不如意之事十有八九。难得糊涂是一种境界。大事不糊涂,讲究的是一门放长线钓大鱼的学问。那些每天抱着小算盘,总是盯着眼前一点利益的人,就算终生不出一点差错,到最后也未必能成大事。

不为事小而争,不为一时而争,不为名利而争。闲看庭前花开花落,云卷云舒。有了这样的一种心境,静观事变,是一种大者的风范。

据传,燕国国君燕昭王立志诚邀英才,励精图治,但一直并不如意,整天闷闷不乐。后有郭隗给他讲述了一个故事:有一国君愿意出高价去购买一批千里马,然而寻找了很久也没有找到一匹,又过去了很久,好不容易发现一匹千里马,当国君派人带着大量黄金去购买的时候,马已经死了。可买马的人却用 500 两黄金买来一匹死了的千里马。

国君生气地说:我要的是活马,你买匹死马来糊弄我吗?买马人说:你舍得花 500 两黄金买死马,更何况活马呢?我们这一举动必然会引来天下人为你提供活马。果然,没过几天,就有人专门上门来推荐千里马。

郭隗又说:"你要招揽人才,首先要从招纳我郭隗开始,像我郭隗这种才疏学浅的人都能被国君采用,那些比我本事更强的人,必然会闻风千里迢迢赶来。"

　　燕昭王采纳了郭隗的建议,拜郭隗为师,为他建造了官邸,后来没多久就引发了"士争凑燕"的局面。投奔而来的有魏国的军事家乐毅,有齐国的阴阳家邹衍,还有赵国的游说家剧辛,等等。燕国迅速变得人才济济起来。一个落后的内忧外患的弱国,逐渐成为一个富裕兴旺的强国。

　　其实,在现实的市场上这个道理又何尝不对呢?聪明的人懂得放长线钓大鱼,短时间内看不出效益所在,然而长远的效益会意想不到地来到。

　　如果你只是一条饥饿的鱼,看到食物你会本能地想吃。但是如果你知道这不是真正的美食,你还会去吃诱人的诱饵吗?你愿意做那条鱼吗?这里可能要分几个层面,人的最基本的需求就是生理的需求,如果你饥饿难耐你肯定会上钩,因为需要越强烈动机越强烈,更何况是生理的本能。但如果你不是特别的饿你还会吃吗?这是一个选择,只有你自己有选择权。所以如果你上钩了的话你不能怪引你上钩的人,这是你的选择,不能一味地埋怨别人。

　　当然,你也可以去寻找其他的食物,或者自己主动寻找小鱼和虾米,没有对与错,只有好与坏,但是也许每一个决定都会有不同的命运。对于钓鱼的人来说,他需要的就是你的价值,所以他要通过鱼饵让你上钩。因为他知道一条真理:给予就会有回报,没有无缘无故。而对于鱼儿来说,也有一条真理:接受必定也要付出,没有无缘无故。

　　人们都希望美好和幸福的东西能长久地拥有下去。俗话说,创业容易守业难。古代的帝王可以享受无上风光以及至尊荣耀,不仅幻想自己的寿命万万岁,还希望自己的宝座传给子孙万代。可惜的是,除了开国皇帝外其他的皇帝大多昏庸糊涂,只顾贪图享乐不顾百姓黎民,大肆收刮民脂民膏,草菅人命,须臾之间便已改朝换代。狡兔三窟的故事大家不会陌生,理应从中汲取"人无远虑必有近忧"的道理。动物尚且如此,何况我们人类?竭泽而渔的办法是行不通的,只有早早准备才能环视未来。总而言之,目光不能太短浅,毕竟放长线才能钓大鱼。

# 第18章 立即执行，绝不拖延

现实中的人们往往总是"纸上谈兵"，说得多而行动得少。但是只有行动才能离目标更近，只有行动才能把理想变成现实，所以说，立即行动吧，不要再拖延。

## 行动决定一切

洛克菲勒曾说："不要等待奇迹发生才开始实践你的梦想。今天就开始行动！"行动是治愈恐惧的良药，而犹豫、拖延将不断滋养恐惧。

"任何事情都不能等到第二天"，这是严格的军人准则，也是战时需要的准则。迅捷、及时、准确是军事活动中最宝贵的概念。就作战而言，只有迅捷、及时、准确才能出其不意，攻其不备，才能把握战机，争取主动，稳操胜券才能更有把握。

职场中的我们，更应懂得行动的意义，只有积极行动，才能脱颖而出，同时，我们也要学着主动地去行动，把握先机。

安迪是纽约一家公司的低级职员，他的外号叫"慢飞的笨鸟"。他总像一只笨拙的小鸟一样在办公室飞来飞去，即使是职位比安迪还低的人，都可以随便指使安迪做这做那。后来，安迪被调入销售部。一次，公司下达了一项任务：必须完成本年度500万美元的销售额。

销售部经理认为这个目标根本是不可能实现的，私下里怨气很大，认为老板对他太苛刻。安迪却没有这样，他并没有抱怨，只知埋头苦干，距年终还有 1 个月的时候，他已经全部完成了分配给他的销售额。其他人可就没安迪那么幸运了，他们只完成了目标的 50%。羞愧难当的经理主动提出了辞职，而安迪则阴差阳错地被任命为新的销售部经理。"慢飞的笨鸟"安迪在上任后继续忘我地工作。他的行为带动了其他人，在年底的最后一天，他们竟然完成了剩下的 50%。后来，该公司被另一家公司收购。新公司的董事长第一天来上班时，就任命安迪为这家公司的总经理。因为在双方商谈收购的过程中，这位董事长多次光临公司，这位"慢飞的笨鸟"给他留下了深刻印象。从不抱怨、只知执行的安迪不但给公司带来了丰厚的利润，也给自己带来了美好的前程。

或许你总是疑惑怎样才能成功？答案很简单，就是像安迪那样执行任务，没有怨言，埋头苦干。"一等二靠三落空，一想二干三成功。"成功的秘诀往往就是这么简单。

机遇并不是那么难以触摸，很多时候当机遇降临时，人人总会亲手断送了它。他们并没有意识到，内在的冲动是人类潜意识通向客观世界的直达快车。员工接到任务之后也是一样，不要怨天尤人，马上执行才是第一位的。如果等到你问清一切问题，最佳时机可能早已失去。很多聪明的职场人士就是善于把握这一点，毫不犹豫地抓住一切有利时机，才将成功的果实紧紧地攥在了自己手中！总之，行动起来，是职场上获胜的不二法则。

# 三只青蛙的命运

命运和机遇其实总是掌握在我们自己手中，面对命运的境遇以及机遇的来临，要充满信心地去争取，学会主动去出击，做自己的主人，把握自己的未来。

漫漫人生的长路，没有人是一帆风顺平平静静过来的，也没有人能够轻易地放言自己以后不会再遭到挫折和打击。挫折和挑战无处不在，假如是因为一时的受挫就轻易地退出"战场"而半途而废，到头来懊悔的也只能是你自己；假如总是因为害怕失败而不敢再向前行，你也就永远不会追求到心中的梦想，也就正如歌中所唱的，阳光总在风雨之后……

三只青蛙同时掉进一个鲜奶桶中。

第一只青蛙说："这就是命。"于是它放弃了一切求生意识，就等着死亡的来临。

第二只青蛙说："这桶也实在太深了吧，凭借自己是不可能出去的，这是白费力气，于是它也在那里等待死亡"，最终也真的是沉入桶底死了。

但是第三只青蛙却并不甘心就这样死去，它一直在努力地跳，试图跳出桶外，虽然一直都没有成功，但是这只青蛙也依旧没有停止这种尝试。直到最后，渐渐地，鲜奶在它不停地搅拌之下，变成了奶油块，第三只青蛙也正是利用这些奶油块才顺利地逃离了奶桶，最终救出了自己。

面对同样的境遇或者说命运，三只青蛙采取了不同的方式去面对，从而也得到了不同的结局。但是只有第三只青蛙通过努力活了下来，也才算得上真正地主宰了自己的命运。好比我们人类自己，人与人之间之所以有很大的区别，有的人能够主宰自己的命运，但是有的人却只能把命运交给别人去主宰。

要想主宰自己的命运，做自己的主人，首先需要学会做正确的自我认定。其实所谓自我认定仅仅是一种看待自己的模式，但是这种模式并不是一成不变，相反地，是可以改变和发展的。在日常的生活中，我们总是试图自我改变，但是一直都在失败。其实，这就是我们所希望的改变和我们的自我认定不符合而导致的。例如说你想要把自己改变成一个非常理性的人，但是在你的自我认定中你就是一个童心未泯的人，这样的改变必然会以失败告终。

所以说，我们需要发展了的自我认定，这也就注定是一个艰难的过程。然而一旦当你对自己有了更充分的认定，你也就会发现了一个全新的自己。只有在这时理想和现实才能真正的接轨。

而如果我们每天都想要一个好心情的话，我们就得每天给自己一个全新的面貌。其实我们潜意识里是希望创新和改变的。所以说，我们一定要学会超越昨天的自己，给今天的自己一个全新的表现。

毕竟每一个自我都必须处在一个不断地更新当中，因此要经常进行新的自我策划以及新的改造。唯有做到这样才能够在不断地成长中发展壮大。其实也正是因为这样，生命的品质才能在不断地变化中趋向更高的境界。

## 每天进步 1%

每天进步 1%，看似仅是一点点。今天比昨天多做一点，明天比今天多做一点，就这样循环往复……但是要知道，要一无既往地坚持下来才是最主要的，也是最难得的。

1%看似很少，但是只要我们每天坚持多做这一点点，就会进步一点，成功也就会离我们更近一点。可以这样说，也唯有不断地追求才有不断的进步。唯有不断地行动，才有不断的成就。

在西点军校里，尽管学员刚进来时都是精英，但是到毕业时并非每个人都还能保持骄人的成绩。因为你现在是"零"，只有每天多做点，日积月累才有可能趋于无穷。

每天多做一点是一种素养，更是一种好的习惯，它能够使人变得更加敏捷，更加地积极。不论你所处环境如何，"每天多做一点"的工作态度都能够使你从竞争中脱颖而出，使别人对你更加信任。从而给你更多的机会。而你的同事和朋友会关注你，从而更容易拓展你的人脉。

每天多做一点，或许并非只为了获得报酬，但往往获得的更多。

一个周六的下午,在一家公司的办公室。一位律师走进来问大卫,哪里才能找到一位速记员来帮忙。大卫告诉他,因为公司所有的速记员都去观看球赛了,假如晚来5分钟,自己也会走。但自己可以留下来帮助他。

工作做完之后,律师问大卫应该付他多少钱。大卫开玩笑地回答:"哦,既然这是你的工作,大约500美元吧。如果是别人的工作,我是不会收取任何费用的。"律师笑了笑,向大卫表示了谢意。大卫的回答不过是一个玩笑,并没有当真。但出乎意料的是,那位律师竟然真的这样做了。几天后,律师找到了大卫,交给了他500美元,并且邀请他到自己的公司工作,薪水比现在高出1000多美元。

只是一个周六的下午,大卫仅仅放弃了自己喜欢的球赛,多做了一点事情,不仅为自己增加了1000美元的现金收入,而且还为自己带来一项比以前更重要、收入更高的职务。事实上,大多数人都觉得放弃自己本来该有的丁点权利都会觉得吃亏,实际上这是一种狭隘的心态,处处斤斤计较,失去的往往比得到的多。

人生永恒不变的法则就是身处困境而拼搏能够产生巨大的力量。坚持每天多做一点点,不但能彰显自己勤奋的美德,而且还能够慢慢形成一种超凡的技巧与能力,让自己具有更强大的生存力量,从而面对困难能毫不退缩。每天多做一点点,是聪明人的选择,投机者总会少做那么一点点。前者是主动掌握成功,后者则在远离成功;孰优孰劣,聪明人自有判断。

付出多少,收获多少,这是一个众所周知的因果法则。尽管在现实中你的投入有时无法立刻得到相应的回报,但是不要气馁,坚持下去,回报可能就会在不经意间,以出人意料的方式出现。

那么就每天多做一点吧,让自己每天都进步1%,这并没有加重你的负担,但是会给你带来意想不到的收获。

## 用心选择，即刻落实

多么完美的计划不付诸行动都不会有效果，行动，就要落实。"不要总是因为外人和外界的烦恼来影响你的行动，自己心里给自己制定一张属于自己的规划表。"行动，只从你自己开始。

商业巨子罗斯·佩罗曾经说过："凡是优秀的、值得称道的东西，每时每刻都处在刀刃上，要不断努力才能保持刀刃的锋利。"诚然，我们总会能意识到事情的重要性，但意识和去完成是两个层面。意识到也许很简单，但是真正去做往往总是充满挑战。但是要明确应该把什么摆在第一位，也需要费很大的劲。

拿破仑·希尔的一生也是充满着选择。选择能够促使人更加清醒，知道什么该要，什么不该要；什么是美好，什么是丑恶；什么是真正的财富，什么会使人一贫如洗。选择伴随人的一生，无时无刻都在选择着。

行动，离不开用心的安排。只有学会安排，学会选择，才能更好地行动。请相信：对自己用心，最终会得到最大的回报。俗话说得好："狐疑犹豫，终必有悔。"所以说，做事情不能总是犹豫不决，瞻前顾后，如果你觉得自己的选择是正确的，就要毫不犹豫地去完成它。

但是为什么同一件事有的人做得快有的人做得慢呢？那些喜欢为此寻找理由并且至今依然原地不动的人一定不知道这其中的缘由。

一个有智慧的人是根本不需要对自己去做掩饰的，因为他们能为自己的行为和目标负责，他们也同样明白拖延是最没有价值和毫无意义的。他们面对认为正确的事会立即付诸行动却不会有丝毫的犹豫。

杰克以前是一名普通的销售员，后来受聘于一家大型的汽车公司。工作几个月之后，他想得到一个提升的机会，于是就直接写信向老板费墨先生毛遂自荐。老板给他的答复是："任命你负责监督新厂机器的安装工作，但是不予加薪水。"杰克并没有受过相关方面的培训,并且也看不懂图纸,所以他认为老板是在有意难为他,但是,他并没有以不会看图纸为理由而消极怠工,而是充分发挥了自己的主观能动性,慢慢来提升自己的业务水平,最终提前一个星期完成了工程。后来他不仅获得了提升,薪水也比原来涨了很多倍。

事实上,在现实的生活当中,很多人都是从主动变为被动的,他们总是在等待完全有把握的机会以至于最后丧失良机。其实人生到处是机会,只是并没有那么一帆风顺。那些被动的人平庸一辈子,正是因为他们总是一直等待而不付诸行动。我们要善于接受挑战,相信手上的正是目前需要的机会,才最终会将自己挡在永远痴痴等待的泥沼之外。无论是机会还是条件,其实都是需要自己去努力争取才有可能获得的。

正所谓态度决定一切。一定程度上,态度左右了一个人的进与退。良好的态度就是行动的最好指南,放手去抓住机会并付诸行动就是最好的面对。

只有落实,用心选择,"是的,这就做",你的成功人生也从这里开始。

## 立即行动,消除拖延的顽疾

拖延无异于自我欺骗,浪费生命。只有行动,才能排除各种障碍,迎接胜利的阳光。

凡事拖延会使人养成懒惰的毛病。它会让一个人总是处在堕落的状态,从而丧失最初的梦想和目的。因此,与其在失去的时候追悔不已,不如选择对坏习惯的彻底摒弃。

拖延,说白了就是害怕面对,不敢面对。拖延会使人麻痹自己,认不清方向而变得毫无斗志。由此可见,拖延往往会付出很大的代价,这也是人性卑微的弱点。

拖延，在西点军校向来都是不被允许的，当军号声响起的时候，每一个学员都必须迅速准确地列队集合。因为他们清楚，一次拖延，可以延误一场战事，总是拖延，可能会付出生命的代价。因此，他们的口号是"决不拖延"。

人类天生具有惰性，每当我们自己要付出劳动或要做出抉择时，总会为自己找出一些借口用来安慰自己，总是想着让自己能够轻松和舒服一些。而此时，有一些人他们能够果断地战胜惰性，积极主动地迎接挑战；但是有一些人却缩手缩脚，总是给自己找各种拒绝的借口，从而不知所措，无法定夺……而时间也就是这样一分一秒地浪费了。

也许我们每个人都遇到过这种情况，每天清晨，当你从闹钟中惊醒时，一边想着自己所订的计划，一边又感受着被窝里的温暖，这就是挑战你能不能战胜惰性，就在这样的忐忑不安之中，又躺了五分钟，甚至是十分钟或更多……最终还是迟到了。

尽管很多时候我们知道自己有拖延的毛病，也试图努力去改掉它，但是总是显得乏力。假如不根治拖延这一恶习的话，那么拖延也就会像腐蚀剂一样侵蚀人的意志和心灵。因此，要成为一个优秀的人，一个成功的人，首先就要学会克服惰性，怎样克服惰性和拖延，有这样几条建议：

一、要想克服拖延的习惯，首先你要分清楚每件事的重要性，你要把最好的精力用在最需要完成的事情上，假如你还在犹豫不决的话，那么就请重新回顾你的工作或任务要求。

你的时间是有限的，不要让那些"不应该做的事"去占用你宝贵的时间。事实上，成功也就是从做好许多小事才累积起来的。你还需要做到无论这一天会有多忙，无论遇到多少的干扰，你都要理清自己的思路，规划自己的行动。要学会调整自己要做的事，把对自己收益大的事情排在前面，把那些优先考虑但收益甚微的事要坚决去掉。

二、别在拖拖拉拉的时候依然给自己找各种借口。

首先应该审视自己，对自己的种种拖拉行为应当毫不留情地加以制止。不妨扮演自己的导师和教练的角色，时刻来督促自己的行为。监督自己做更为重要的事，不要被小事所牵绊。

三、克服拖拉最好的办法就是让它自然消失，不要犹豫。

要实现这一点，就要明白哪些事该做，哪些事不必做，有些事则要采用完全不同的方法去做，而你的任务是把许多方法结合起来，不断发掘对你适用的技巧。

"决不拖延"是我们工作与生活对渴望成功者的必然要求，那么为了达到这个要求，就从现在做起吧！

# 第19章 细节,计划和执行都不可忽视的关键

在职场中,往往我们已经完成了整个计划,执行了整个方案,可最后还是出乎意料地失败了。为什么?这就是细节!细节决定成败!

## 从小事做起,关注生活的细节

在这个世界上没有最小的事情只有最小的抱负。不要总是忽视小事儿盲目追寻所谓的大事,小事往往是改变命运的关键因素,因此从小事做起,就要懂得关注生活的细节。

在我们的工作实践当中, 总会有许许多多小事, 做好一件小事并不难,每一件小事都做好,其实也不会容易。吉姆·克林斯说:"不愿做平凡的小事就做不出大事,大事往往是从一点一滴的小事做起来的,所以,不要认为是小事就不去做,从一点点的小事做起吧!"

英国国王理查三世和里奇蒙德伯爵亨利带领的军队将要进行一场决定谁来统治英国的战争了。

战斗进行的当天早上,理查派人备好自己最喜欢的战马。

"快点给它钉掌,"马夫对铁匠说,"国王希望骑着它冲锋陷阵。"

"我需要一两个钉子,"他说,"这得需要一点时间来准备。"

"我告诉过你已经等不及了,"马夫急切地说,"我听见军号了,你能不能凑合凑合?"

"我可以把马掌钉上,但是不能保证它是否牢固。"

"好吧,就这样,"马夫叫道,"快点,要不然国王定会怪罪到咱们俩头上的。"

两军交上了锋,理查国王为了鼓励士兵亲自冲锋陷阵。但是他还没走到一半,一只马掌就掉了,战马跌翻在地,理查也被掀在地上。

国王还没有来得及再抓住缰绳,受惊的战马就跳起来逃走了。理查环顾四周,敌人的军队已经包围了上来。

他在空中挥舞着宝剑,"马!"他喊道,"一匹马,我的国家倾覆就因为这一匹马。"国王没有马骑而被摔倒在地,他的军队也已经分崩离析,士兵们也都乱了阵脚。没一会儿工夫敌军也就俘获了理查,战斗宣告结束了。

于是就有了这样著名的一段话:少了一个铁钉,丢了一只马掌;少了一只马掌,丢了一匹战马;少了一匹战马,败了一场战役;败了一场战役,失了一个国家,其实所有的损失都是因为少了那一个马掌钉。

这个案例道出了一个道理:细节决定成败,甚至可以说小事决定大局。渐变是在不知不觉中才发生的,当你发觉的时候,也许已经晚了。而让你失败的,正是你根本没注意到的细节。

发现细节,感受细节,关注细节是走向成功必不可少的过程,而无视细节的存在,忽视细节你也就会逐渐迷失自己,最终酿成失败。细节是一种关键,是一种功力,细节隐藏机会并体现艺术,细节产生效益,却又是一种征兆。如果你想出类拔萃,小事上绝对不能含糊。一个不经意的细节,往往能够反映出一个人深层次的修养。

事实上,竞争优势归根结底是素质的优势,而素质的优势则是通过细节来体现出来。面对强大的竞争者,只有更好地把握细节,完胜细节才能突出优势。因此,抓住每一个细节,才可能抓住每一次成功的先机。

所以请牢记:小事成就大事,细节成就完美。

# 工作中无小事，做好每一件事

　　每个人的工作并不都是那些很难完成的大事，往往都是由一系列的小事组成的，因此对小事敷衍应付或轻视懈怠。成功的人并不会因为自己所做的是小事而不去做，这也正是成功者与普通人的区别所在。世界旅馆业之王希尔顿就是一个非常注重小事的人。希尔顿要求他的员工："千万不要把我们心里的愁云摆在脸上，面对困难，要始终保持微笑！"其实也正是凭借这小小的永远的微笑，希尔顿饭店得以遍布世界各地。如果我们想要把每一件事都做到完美的话，就不得不重视这其中各方面的细节，每一个细节都要准确把握，最后汇总，才能使整件事达到完美的效果。

　　每一件在我们看来微乎其微的小事，也都应该全力以赴、尽职尽责地去完成。只要你能够一步一个脚印向上攀登，便就不会轻易跌落。这些小事在一般人眼里总是不被重视而忽略。而那些成就大事的人，正是注意了这些细节。苏格拉底在开学的第一天就对自己的学生说："今天我们只做一件事，每个人尽量把胳臂往前甩，然后再往后甩。"并给大家做了一遍示范。"那么从今天开始，每天做300下，大家都可以做到吗？"每个学生都信誓旦旦地说当然。一年后，苏格拉底再次询问这件事的时候，全班只有一个学生说自己坚持下来了。他就是后来的大哲学家柏拉图。看似简单但是坚持下来却很难，很多人就是这样放弃了细节。事实上成功者之所以成功也就在于他们并不认为那些小事没有意义，并且坚持不懈地永远做了下来。

　　大事总是由一件件的小事积累而成的，如果说总是忽略小事，就难成大事。只有从小事开始，逐渐累积，一点点，最后才能汇总做成大事。但是眼高手低，不懈做小事者，永远难成大事。小事中能看到你的智慧，不以小事小而认真去做，才能体现你卓越的素质，为你日后打下坚实的基础。

## 细微之处见功夫，挖掘细节中的机会

细微之处见功夫。往往细节微小而细致，在市场的竞争当中，它虽然不会立竿见影，马上看到带来的效果，但细节的竞争从侧面来说对成败起着很大的作用。大刀阔斧地改革在一定程度上仍需要细微之处的点缀和帮助。

细扫一屋，才可扫天下。能做好每一件看似简单的事本来就不容易；每一件平凡的事做好就是不平凡。西点前校长潘莫将军也曾经说过："细枝末节最伤脑筋。"意思就是说往往大的事情能轻易看到轮廓，而那些细微的小的细节有时候才是最难办的，也是最伤脑筋的。

现实生活当中，人们总是忽略了绝大多数的细节，以至于最后细节决定了成败都没发现。可是总有一些细节，会给我们留下深刻的印象，烙进我们的记忆，改变着我们对人和事的看法和态度。

细节往往来得很快，总是不易察觉，特别是对身在职场的人来说，细节起着不可忽视的作用。细节的注重与否是把"双刃剑"，它决定了忽视人的失败，成就了注重人的成功。

一个青年因为自己的勤奋而被老板赏识并交给他管理一家下属小公司。他将这个小公司管理得井井有条，业绩直线上升。一次与一个外商谈业务，谈判结束以后，他就邀请这位外商共进晚餐。晚餐非常简单，几个盘子都吃得干干净净，只剩下了两只小笼包。这位青年人对服务员说，请把这两只包子装进食品袋里，我带走。外商看在眼里什么也没说。到了第二天，老板设宴款待外商。席间，外商轻声问青年，你曾经受过什么教育？他说我家里非常穷，父亲去世得很早，都是母亲辛辛苦苦地供我上学。母亲并不指望我高人一等，我就是能做好自个儿的事就够了……在一旁的老板已经是泪眼朦胧，端起酒杯激动地说："我提议我们共同敬她老人家一杯吧,这是你受到过的人生最好的教育"!

将吃剩下的两只小笼包带走这样极其平凡的小事看似微乎其微,但是却感动了外商,使外商才能够顺利地与他签订了合同。其实对大多数人来说,注重细节,并不是随意和偶然的,它是一种良好的习惯和性格所致。然而性格多少地会表现在许多不经意的细节上。

俗话说,失败存在于细节。当我们在工作和生活当中忽略了细节的时候,失败就会乘虚而入。相反,如果你能够时时注重细节的存在,你会做得井然有序,无缝可趁。当今竞争激烈的商业社会中,公司规模日益扩大,它的分工也会越来越细,真正的决策层总在少数,大部分的工作都是细微和烦琐的,那些看似不起眼的小事情才是工作的真谛,但也正是这一份份平凡的工作和一件件不起眼的小事才构成了公司卓著的成绩。

当然,我们并不否定立大志,干大事,这种抱负不好,但是只有脚踏实地从小事做起,从一点一滴做起,注意抓住细节,才能为做大事打好坚实的基础,做好充分的准备。所以要学会以认真的态度做好每一件小事,以责任心对待每个细节。这样,你付出的是细心,得到的却是整个世界!

## 伟大源自于平凡,掌控心态的细节

"伟大源自于平凡。"无论是成功者还是失败者,某种意义上来讲都是平凡的人,面对生命,面对整个人生都是平凡的,都是微不足道的,心态的把握,更能使人迅速调整,做好下一阶段的打算。

态度分为积极和消极,往往一个积极向上的人,是不会让自己纠缠在烦恼之中的。一个积极的心态有助于人们坚定信念,看到希望,并且保持旺盛的斗志。相反,消极的心态总会使人处在一种沮丧、失望的状态,对生活和人生充满了抱怨,比如自我封闭,限制和扼杀自己的潜能。

一般来说,生存意识消极的人,总会对他人抱怨,也就加大了与社会的疏远,从而恶性循环形成了孤独的性格和冷漠的处世方式,产生了矛盾的孤独心理。这类人既希望别人的关心和照顾,又惧怕期望落差带来心理冲撞而拒绝与人交往,从而总是处于矛盾之中。

很久以前,有一个国王,做梦梦到山穷水尽,便叫王后给他解梦。王后说:"大势不好。这是厄运的象征,象征着江山难保了。"这让国王惊出一身冷汗,从此患上了重病,并且愈来愈重。国王在病榻上对一位大臣说出了他的心事,哪知大臣一听,大笑说:"太好了,这个梦意味着陛下的厄运将要结束了,以后都会一帆风顺的!"国王听了全身轻松,很快就痊愈了。

这个小故事告诉了我们:同样一种情景,心态不一样,带来的效果却是差异万千。选择了积极的心态,你也就等于选择了成功的希望;而选择消极的心态,就注定要走入失败的沼泽。

强者总能以积极的心态看到消极的事情,从而完成之间的转换。强者总是会把每一天都当作新生命的诞生而充满希望,虽然这一天有许多麻烦事等着他;但是强者又把每一天都当作生命的最后一天,并且倍加珍惜。

美国成功学学家拿破仑·希尔曾经就心态的意义说过这样一段话:"人与人之间只有很小的差异,但是这种很小的差异却造成了巨大的差异!很小的差异就是所具备的心态是积极的还是消极的,巨大的差异就是成功和失败。"的确,面对同样的困境,一个怎样的心态往往决定了事物的下一步发展方向。《鲁滨孙漂流记》中的故事已经广为人知了,书中生存的智慧是值得我们每一个人去学习的,其实就是面对困难要报以积极的心态。

伟大源自于平凡,心态决定成败。积极的心态总能给自己带来意想不到的绝路逢生,迎接下一个黎明。消极的心态总会扼杀仅存的希望,使人一直处于失败的阴影之中而不能自拔。假如你想成为一个成功者,想自己的梦想变成现实,那么就必须摒弃这种扼杀你潜能的、摧毁你希望的消极心态。

相信你已能分清积极与消极哪一个更重要。勤勤恳恳者永为第一,平凡的脚步也可以走出伟大的行程。

## 窥一斑而知全豹,细节决定成败

学会观察生活中的每一个细节,让一个个连贯的细节助你成功。事事精细往往能成就百事,而时时精细也就能够成就一生。

老子曾说过:"天下难事,必做于易;天下大事,必做于细。"其实这个道理放在今天同样适用。很多时候,一件看起来微不足道的小事,或者一个毫不起眼的变化,却能改变整个事态的发展。

日常工作当中,到处都是那些微不足道看似烦琐的事情,但如果你总是抱着一种敷衍的态度对待,到了最后就会因"一着不慎"而导致"全盘皆输"。因此,我们在工作和生活当中,应该学会观察细节,对细节予以重视。

俗话说,天下大事必做于细,如果要想把每一件事情做到无懈可击,就必须从小事做起,拿出你的热情和努力。

比如士兵并不是总是要去打仗,大多数的工作就是队列训练、战术操练、巡逻排查、擦拭枪械等诸如此类的小事;在公司中的你每天所做的事也可能就是接听电话、整理文件、绘制图表之类的小事。然而这些看似很烦琐很枯燥的小事却是这项工作的基础,没有这些也就谈不上更深刻的东西。相反,假如你对此感到乏味、厌倦不已,始终提不起精神,或者因此而敷衍应付差事,勉强应对工作,那么你慢慢就连这些最基本的细节工作都做不好,更谈不上其他的大事。

职场中,每一件小事的积累,都是在为以后成就的事业打基础。而许多人正是忽略了这一点,总是看不起这些小事,最后一事无成。一个人不应该因为自己看似打杂的工作而气馁,应当把它当作是一种成功前的考验。记住,凡是成大事者必先苦其心智,饿其体肤,这也正是古人告诉我们的道理。

事实上,成功也正是由许多的小事和"细节"累积而成的。人们通常不会被那些大石头绊倒,却会因一些小的石子而磨脚。

窥一斑而知全豹,细节决定成败。很多时候,细节上的完美与否,往往是成败的关键,在更多的时候"细节"具有决定性的力量,完美的细节也就代表着严谨的作风和端正的态度;代表着永不言弃的精神,是一个人积极、实干和优秀的象征。

细节在我们生活当中无处不在,在那些看起来非常细微和偶然的细节,或许帮助或许阻碍着我们,因此要认清那些影响我们成败的细节十分重要,也只有注意到这些基础的细节,我们才能谈及其他。

# 第八篇

# 理财，健全自己的财务系统

　　理财越早开始越好，先投资，再等待机会，而不是等待机会再投资。要知道拖延是理财失败的主因，理财必须要从年轻的时候就开始。其实所谓理财，并不仅仅是用某个计量单位来衡量某个物体的价值，它还是一个宽广的知识海洋。理财在我们的日常生活当中处处可见。换言之，如果没有这种理财方面的意识，就可以说并没有为自己的人生做好充分的准备。

# 第 20 章　财富有生命,你不理它,它不理你

> 财富是一把"双刃剑",能带给你所有,也能带走你所有。我们离不开财富,那么怎样才能更好、更适度地拥有财富,这就需要你下工夫来看下面的章节了。

## 现在不是安稳守财的时代

当今社会,理财观念越来越被人看重。不管是财经媒体、理财专家还是广告宣传,我们总是看到关于理财重要性的告知。可是毕竟人们的精力有限,相关专业知识也有限,不清楚如何开始理财的第一步,甚至会陷在方向错误的泥淖中无法自拔。

当然,理财虽然很重要,但是并不是每个人都必须理财。生活方式都是自己选择的,当然有的人喜欢理财,也有的人就不喜欢理财。

所以说每个人都有自己选择生活方式的自由,但处于现在这个时代,理财观念确实已经开始慢慢深入人心,人们越来越倾向于这些观念。今天的你,随时都有可能遭遇失业、通胀、金融危机等各种各样不可预测的状况。到那个时候倘若你手头上一无所有,再去后悔也无济于事了!

警讯一:全球经济的不稳定

近年来,全球经济呈现不平衡发展,大的外部环境总是或多或少影响到国内的经济,也必然影响到相关的企业和我们的生活和工作。经济的不

稳定,伴随着股市的动荡不安,使得两者形成恶性循环,短时间内不易解决。经济的不稳定,一定程度上就需要我们更加有善于理财的理念,并能够更好的理财。

警讯二:就业压力普遍增大

近年来,国内高校连续地扩招,毕业生人数激增,就业面临空前的压力,这其实也就意味着,在毕业生人数逐年递增的背景之下,企业对于现在的大学生的有效需求并未增加,就业压力在持续增加。每年的毕业生都有上百万之多,面对如此浩大的就业军,就业空间和环境可想而知。

警讯三:人口老龄化增加了政府的财政负担

最近一次的人口抽样调查《全国1%人口抽样调查主要数据》显示出,我国60岁以上的老年人口已经从1.2亿增长到了1.49亿,占总人口的11.03%,几乎占全球老年人口的五分之一。急剧增长的老龄化压力使政府的负担越来越重,"养"和"医"的问题已经变得越来越迫切。

总之,伴随着各种压力和环境,理念观念一定程度上适应了人们的要求,而理财观念也会逐渐深入人心。

# 投资理财是一种生活方式

投资并不是我们想象中像赌博那样,投资需要智慧,是一种高效的生活方式。任何一位想获得成功的投资人,当你迈出第一步时就必须从内心上把投资作为一项事业。

多年前,全国各地流行现场抽奖、即抽即得的活动,这种抽奖的形式和现在的体彩、福彩的即开型彩票形式是一样的。有一对经营建材生意的兄弟,在刚开始购买奖券时想的只是随便玩玩而已,没想到连续中了几个五等奖,奖品是某名牌的领带,兄弟俩就对这种抽奖活动产生了赌博心理,想着与其做建材生意这么累,不如将钱投资在这个奖券中,一旦中了大奖,那就可以衣食无忧,不用这么辛苦。于是买了大量的奖券。然而全部积蓄都买了奖券了,他们也只是换来了一堆领带,发财的美梦终究没有做成。

上述例子中的心理在现实中非常常见,就是将投资和赌博等同起来。这看似是在进行短线投资,"希望获得巨大的利益"进入投资市场。但是当人们参与那些貌似吃亏不大的资金交易时,财富在此时就发生了慢慢地转移,由此慢慢抓住你的这种赌博心理,一点点吸进你的财富。

不过也不可以将所有的短期投资都视为赌博。例如,股票和外汇短期的升值或者贬值,是可以通过理性的分析去预测,但是赌博并不是这样,它靠的只是运气。

真正的投资者并没有抱着瞬间暴富的幻想。他们知道投资要从科学的、理性的基础出发,它是一个系统的工程,而不是简单的靠运气。想要投资成功,就必须为投资目标竭尽全力。

投资大师乔治·索罗斯有个习惯,就是把投资当成一种习惯。

一天晚上,乔治·索罗斯和他的妻子苏珊受邀去朋友家中吃饭。晚餐过后,他们的朋友架起幻灯机向他们展示金字塔的照片。这时候乔治·索罗斯说:"我有个更好的主意。你们给我妻子放照片,我去你们的卧室读一份年报怎么样?"

读年报不光是乔治·索罗斯的爱好,还是他最喜欢的休闲方式,他总是能通过各种渠道抓住时机来有效投资。

乔治·索罗斯这种良好的习惯,为他以后在投资事业上不断创造奇迹奠定了基础。

投资是要用心去经营的项目,如果你只想在闲暇时或者无聊时为了打发时光而才想起去投资的话,那么最好不要这样,它不会降下好运到你头上的,完美的投资都是准备给用心者的。

如果你想做货币投资,多投入一些时间和精力是不可避免的。你必须时刻保持警惕。一个成功的投资者,不仅仅把投资当作一种职业,更看成生活的一部分,或是一种生活习惯,始终用心地去经营它。

把投资作为一种专门职业来做的人并不多,很多时候都是把投资作为一种业余活动来看待。其实,越是因为投资是一种业余活动,我们越应该用专业的精神去对待它,这样,你的投资才能成功。

综上所述,要想投资成功,明确的目标是首要的,然后为之努力当然是必不可少的。即使你没有足够的时间,成不了著名的投资大师,也要有足够的热情去做好投资这件事,成为普通人群中首屈一指的那个人。这样,你的回报才会与你的付出形成正比。

正确的投资要在观念上进行梳理,要区别于赌博。投资可以经分析作基础,制订计划、选择项目,是一整套的理性的过程。而赌博仅仅是靠着那些幻想的运气来试试。成功的投资者不光将赌博和投资分得清清楚楚,还能将它当作一种事业,持之以恒地做这件事。

## 积累财富靠投资理财

通常创造财富的途径都有两种主要模式。第一种就是打工,目前凭借打工获取工薪的人占 90%左右;第二种就是投资,目前这类群体占总人数的 10%左右。那么这绝大多数人的基本工资并不是很高,如果想要生活和工作更轻松,那么就需要一个有效的办法来解决,那就是投资,有效的投资。

一般来说,在个人创造财富这些方面,仅仅靠打工所能创造的价值是十分有限的。这是因为打工所需要的条件和"技术含量"通常比较低,而投资创业则需要有一定的特质条件。但是这并不否认我们不能去投资和理财。我们可以从世界财富积累与创造的现象分析来看,无论是打工还是创业都不是决定财富标准的关键,更重要的是你是否选择了投资致富,并同时进行了有效的实践。

李嘉诚有这样一句名言："30岁以前人是要靠体力、智力赚钱，而30岁之后就是要靠钱赚钱（即投资）。"让钱找钱胜过人找钱，更要懂得让钱为你工作，而不是你为钱工作。这其实就道出了投资理财的重要性。

为了进一步证明投资带来的效益，一些人研究了和信企业集团前董事长辜振甫和中国台湾信托董事长辜濂松的财富情况。辜振甫属于那种慢郎中型，而辜濂松属于那种急惊风型。辜振甫的长子——中国台湾人寿总经理——辜启允非常了解他们，他说："钱只要是放进我父亲的口袋里就出不来了，但如果要是放在辜濂松的口袋里就会不见了。"因为，辜振甫通常是保守地存钱，而辜濂松赚到的钱一般都会去做更大更好的投资。最终的结果就是：尽管这两个人年龄相差17岁，但是侄子辜濂松的资产却是遥遥领先于其叔叔辜振甫。足以见得，财富的多少，其实并不是取决于你一次赚了多少钱，而是取决于你是否会投资，如何投资。

单纯地依靠工资那些固定的收入是达不到积累财富的目的的，只有有了投资理念来做支撑才能谈及财富积累。也唯有拥有了这种认识才能让你对致富有信心、有决心，并且充满希望。无论是你现在拥有多少财富，也不论你一年能够省下来多少钱、投资理财的能力怎样，只要你愿意，你都能够利用投资理财来致富。

## 不理财，压力会越来越大

当今的职场中，压力会以各种形式在各种时间出现，很多人总是感觉面对压力束手无策，于是慢慢变得越来越意志消沉，从而压力越来越大。

事实上，不管你面临多大的困难，身压多大的重担，也根本没有必要消极悲观。之所以我们总是会感到生活压力那么大，是由于我们没有对人生进行正确的规划。

人生并不是一帆风顺的，如果你具备足够的危机意识，你也就不会总是痛苦地看待人生，相反能够预防紧急危难的发生，让自己的人生平安顺利，从而不至于陷入危难而无法自拔。

那么，最有效的给你减压的办法是什么呢？那就是学会理财！

狭义上的理财就是金钱的管理，人生也是一种财富，而广义的理财不仅包括金钱的管理，也包括人生的规划。在很多的时候，人们会把理财和投资混为一谈，事实上理财是人生的规划，投资只是人生规划的一小部分。

压力的增加正是因为理财的疏忽。而你越早学会理财，就越能从生活的压力和财务危机中解脱出来，从而心神愉悦，备感轻松。

所以说理财开始得越早越好。也只有这样才能规划好人生不同阶段的支出，做好自己的理财规划。

**1.房价持续攀高，但薪资增长却极其缓慢**

近年来，房价上涨的幅度也就远远超过了我们收入增长的幅度。根据统计，工薪阶层假如要靠薪资买套房子，需要不吃不喝 20 年才能筹备完整购买房子的资金。但是大多数的工薪阶层并不可能在短期内就能备齐买房子的全部资金，对于很多上班族而言，这将会造成沉重的财务负担。假如你的资金链突然中断的话，你将会陷入严重的危机。对于大多数工薪阶层，面对结婚、生子、穿衣、吃饭，压力可想而知。

**2.智力投资费用越来越高，孩子上学变得越来越难**

不管你现在是否为人父母，以后都会面临供养孩子上学的问题。假如你现在不学会理财，那么以后等孩子开始上学时，就会有空前的财政压力。

近年来，教育所要花费的费用越来越高，学费、杂费、择校费、赞助费、辅加费，名目繁多，教育成本也就越来越高。仅以大中城市读幼儿园为例，就需要几千元到几万元的赞助费或者择校费。另外，近几年来大学学费的不断调涨，也让很多工薪阶层的父母亲纷纷大喊吃不消。

如今上大学，考上相对容易，但是如果资金不足还是无济于事的。即使辛辛苦苦攒了钱付了学费，也顺利毕业，却最终还是要面临另一个难题——就业问题。一项对全国近百所高校所进行的"中国大学生就业状况调查"指出，在国内目前六成的大学生都面临着毕业即失业的窘境。很多毕业生毕业后半年都处于失业状态，或者找不到相对应的工作。

近年来，高校的持续扩招使得学历贬值越来越严重，很多公司在招聘新员工之时，仅仅几个岗位，却有上百人前来应聘。姑且先不用去争论就业与失业的问题是否源于国家经济的发展过热，仅从劳动力供给与需求的角度来分析，未来几年，大学毕业生的就业问题依然会严峻，就业竞争也会变得更加剧烈。

**3.单单的退休金已经不能满足我们的需求了**

退休之后的退休金加上其他收入的计算有这样一个公式，即"所得替代率"，它指的是职工退休之后的养老金领取水平与退休前工资收入水平之间的比率。

计算方式十分简单，举个例子，如果退休人员领取的每月平均养老金为 1000 元，那么他去年还在职场工作，领取的月收入是 4000 元，那么退休人员的养老金替代率为：(1000÷4000)×100%=25%。

在以前，由于当时的利率尚高，通货膨胀较低，财富累积较快较稳，所以所得替代率往往能够维持在很高的水平，这样的话退休后的退休金就足以维持日常生活。但近年来物价年年都在涨，而薪金的增速却远远慢于物价的涨速。按照目前的状况分析，现在的年轻人，从现在到退休顶多只能维持在 30%~40% 的所得替代率，这带来的生存压力也就可想而知了。

可见，仅仅这几个原因，就足以让我们感受到了未来的压力，使我们明白到理财规划的重要性了。

# 第 21 章　你必须知道的 N 种理财方式

理财, 并不是那么简单。方式多种多样, 在选择适合自己的方式之前, 首先你要知道到底有哪些方式。以下章节将带你了解几种最常见的理财方式。

## 储蓄是投资本钱的源泉

投资的前提是有钱投资, 而储蓄就是积累投资本钱的源泉。

现实生活中, 很多人并没有对储蓄有深刻的认识, 觉得合理的储蓄并没有那么重要。很多人不喜欢储蓄的理由也有很多: 有的人认为自己虽然现在没有钱, 但以后可以赚到很多钱, 所以现在不用储蓄; 有的人认为人生活就应该消费, 没有必要把钱放在银行; 还有的人消极地看待储蓄, 觉得储蓄不但没有增加财富积累, 更有可能降低货币本身的价值。

事实上储蓄是投资最根本的一个条件和基础, 尤其是对于一个有着固定收入的人来说。储蓄可以让你的生活和花销更具有规律性, 不至于让你没有计划而最后陷入困境。要想成功投资, 就必须先学会合理的储蓄。

首先, 单单靠收入是不能致富的, 而储蓄就可以助你一臂之力。有些人总是固执地认为自己现在的收入太少没必要储蓄, 等以后收入增加了再去储蓄。事实上, 我们的生活品质是随着收入的提高同步提高的。你手里的钱越多,你的消费观也会提升,不会还是停留在原先的阶段。不懂储蓄的人,即使收入很高,但花的也不少也很难拥有一笔属于自己的财富。

其次,储蓄的实质就是自己给自己留下储备资金,并且还是一种增长的资金。储蓄和消费之间度的把握很大程度上决定你是否能积累财富。要知道赚钱是为了今天的生存,而储蓄却是为了明天的生活和以后的创业打基础。

其实,一次两次的储蓄很简单,关键是做到持之以恒,我们不需要拿出太多的钱都用来储蓄,但是关键是要有计划,能一定时期就去储蓄一部分钱,从而养成良好的储蓄习惯,建立合理的储蓄规划。那么,对于一个普通收入的人来说,该如何建立合理的储蓄规划呢?

第一,很多人的储蓄习惯是:储蓄=收入-支出。但是支出总是带有一定的随意性,往往会导致储蓄结果与预想的情况背道而驰。对于这样的人而言,应当换一种思维方式,把支出的减少作为储蓄增加的重点,即把算式换作:支出=收入-储蓄,换做这种方法,你的储蓄结果与预想也就慢慢相符起来。

几乎每个人都喜欢消费,存钱相对来说有很大的强迫性。以下几种有效的方法可以强迫自己存钱,帮助你一点点地树立良好的储蓄观念。

1.制订一个短期和一个长期计划。比如为了以后换更大的房子,为以后自己的孩子投入等等,总之,把目标写下来,而且能经常看到,提醒你时常想起你的目标,增加你存钱的动力。

2.规定一个固定的储蓄计划。既然每个人都喜欢消费,而很多人又消费无度,以至于最后没有钱去储蓄,要想有效遏制自己花不必要的钱的冲动就是将手中富余的现金存成定期,只留够基本的生活费用就可以了。

3.选择一种或几种适合你的投资方式是很重要的,尽早还清你的银行贷款,尽早投资。当然如果投资成本能高过贷款利息就另当别论了。

4.为自己再开立一个新的存款账户，定期从你的工资卡（或钱包）中取出 10 元、20 元或是 50 元的小钱存入你新开立的存款账户中，慢慢养成这样的储蓄习惯，然后慢慢增加金额。

第二，选择何种储蓄方式也很重要。相比起活期存款来说，开放式基金、定期存款这些储蓄方式都可以作为储蓄方式。开放式基金可帮你培养投资意识，定期储蓄相比起活期存款的易支取性来说，取现金相对麻烦些，可以帮你戒除支取的随意性。

总而言之，学会储蓄，并有自己合理的储蓄规划是积累财富的良好开端。希望每一个人都养成良好的储蓄习惯。

## 众人皆醉我独醒——炒股要有好心态

我们知道，投资并不单单只有一种两种，炒股对于投资者来说就不失为一个好的机会，但是怎样去了解每个上市公司，又怎样去了解每支股票，确实需要一定的研究，不能盲目跟风。

进入股市前就要有个良好的心态，最好长期打算，不能总是幻想一夜暴富。为了不让你成为股市宿命输家，"今天没赚，永远还有明天"的观念和心态很重要。

不要因为一次的错过而一直悔恨，也不要因为一次的得利而忘乎所以。依据经验，很少进入股市的人是赚了一次或赔了一次钱就永远退出的，所以沉得住气才是最重要的。许多操作股票失利的人，通常都是涨时追高、跌时停损卖低，或融资操作断头出现。为何散户永远被讥为"追高杀低"的一群。这与他们自身的狭隘和心态是有很大关系的。他们永远是在错过买点时自怨自艾，而忍不住追高，寄望能赚上一支涨停板，往往成为涨势末端最后一只套牢的白老鼠。而被套牢后，又害怕越跌越低，到最后认赔出场。

心理学家认为，由于人的性格、能力、兴趣爱好等心理特征各不相同，所以并非人人都能投入"风险莫测"的股市中去的。据研究，以下几种性格的人不宜炒股。

1.环型性格。表现为情绪自控能力差，极易受环境的影响，总爱大起大落。赢利时兴高采烈，忘乎所以，不知风险将至，输钱时灰心丧气，一蹶不振，怨天尤人。

2.偏激性格。表现为强烈的个人主义，自我评价过高，刚愎自用，在买进股票时常坚信自己的判断，听不进任何忠告，当遇到挫折或失败时，则又去埋怨别人。

3.无独立性格。表现为缺乏自信，无主见，遇事优柔寡断，总是跟风。进入股市，则为盲目跟进跟出。往往选好的股号改来改去而与好股擦肩而过，后悔不迭。

4.追求完美性格。即目标过高，稍有不足，即耿耿于怀，自怨自责，其表现为随意性、投机性、赌注性等方面多头全面出击，但机缘巧合的机会毕竟少，于是不能释怀。

以上列举的性格上多带有缺陷，不易进入股市。因为面对股市的跌宕起伏，这些人容易出现心理失衡。因此，一定要有良好的心态，并学会控制情绪。进入股市一定会赚会赔，如果你无法控制赚赔情绪，那请你"立即退出股市！"

事实上在股市当中并不是一帆风顺的，每个人都有过股票跌落的遭遇。因为我们的判断和市场的运作比起来更显得微不足道。通常处于市场的复杂环境之下，万一被套住，大多数人还是采取守仓之策，即使守住不动也总会有解套之日的。但是时间过长的话也就违背了投资股票的初衷。因此，守仓是一策，但不是上策。

其实股票炒作成败往往也就在于心态的调整。炒股就是炒心态，其实股票成功者往往仅是抓住了大多数股民忽视的那么一两次机会。而通常机遇的获取,关键就在于投资者是否能够在投资道路上进行果断的取舍。足以可见,炒股的心态有多么的重要。学会舍弃,有的时候要比学会技术分析重要,而更重要的是要善于化解心中之结。

# 如何选择适合的基金品种

选择,是人生一直伴随的必修课,怎样选择?怎么选择最适合自己的?在当今看来变得越发重要起来。

市场上的基金种类有很多,不同的种类有不同的经营风格,即使同类型的基金,其投资对象、投资策略也不尽相同。因此,投资者在选择基金品种时,一定要进行分析和慎重选择。具体来说,可根据以下三大点确定投资目标是否适合自己。

第一,根据投资期限选择基金品种。

1.长期投资

长期投资是指投资期限为 5 年以上的投资,包括保本基金和股票型基金,这类是风险系数比较大的产品。长期投资的好处是可以有效防止短期波动带来的风险,获得长期增值的机会,预期收益率也会比较高。保本基金为投资者提供一定比例的本金回报保证,不过不到期限就不能保本,因此适合长期投资。

2.短期投资

如果投资者想要做投资期限在两年以内的短期投资,那么投资的重点就应放在货币市场基金、债券型基金等这些收益比较稳定而且风险又低的基金产品上。尤其是货币基金,它流动性跟活期存款差不多。货币基金不收取申购、赎回的费用,而且投资者在急需用钱的时候还可以将其赎回变成现金,等有了闲置资金时又可以随时申购,因此,货币基金是短期投资者投资的最佳首选。

### 3.中期投资

中期投资投资期限为 2~5 年,包括一些收益比较稳定的债券型基金和平衡型基金,以获得比较稳定的现金流入。但是,进行中期投资时买进、卖出环节都必须交纳手续费,因此投资者一定要事先算好收益成本。

第二,根据风险和收益选择基金品种。

从基金的风险角度看,不同基金会给投资者带来不同的风险影响,其中,按其风险程度排列如下:

1.货币市场基金和保本基金风险最小。

2.债券基金的风险居中;

3.股票基金风险最高。

不同的投资者风险承受能力也不一样,下面我们给投资者推荐一些不同程度风险的基金。

### 1.债券基金

这种基金适合于那些风险承受能力稍强的投资者。这类基金的性质跟储蓄比较类似,可以作为储蓄的替代品种供投资者选择。

### 2.货币市场基金

这种基金适合于风险承受能力低的投资者, 对于投资资金主要以收入为来源的投资者来说,最好选择货币市场基金。

### 3.股票基金

这种基金适合于那些风险承受能力很强的投资者。

第三,根据自己的年龄特点选择基金品种。

### 1.青年时期

年轻人在这时候都处于事业刚刚起步阶段,资金不是很多,可以选择那些投资期限相对长一些的基金品种,如,股票型基金或者平衡型基金都是很好的选择。年轻人虽然经济能力不是很强,没有太多的钱,但却没有家庭或子女带来的负担,收入大于支出的情况比较多,因此风险承受能力较高。

2.中年时期

人到中年，上有老，下有小，家庭负担比较重，风险承受能力就降低到了中等水平。因此，最好能将投资风险分散化，尝试多种基金组合投资。

3.老年时期

人到老年，由于自身的局限性等一般已经不再社会上打拼，收入来源主要依靠养老金或以前的投资收益，风险承受能力就比较小了。所以这一阶段人的投资通常比较适合平衡型基金或债券型基金，这些都是较稳定的投资产品。

"没有最好的，只有最适合自己的"，选到的适合自己的基金才是好基金，才能有好收益。相反，如果一味地盲目投资，则可能得不偿失。

## 债券投资的风险与规避

债券和股票相比，其利率比较固定，但它依然有一定的风险性。债券风险不仅存在于价格的变化之中，也可能存在于发行人的信用之中。

因此，投资者在做投资决策之前需正确地评估债券投资风险，明确未来可能遭受的损失。具体来说，投资债券存在以下几方面的风险：

### 1.利率风险

债券的利率风险，是指由于利率变动而使投资者遭受损失的风险。利率是影响债券价格的重要因素：两者之间成反比，当利率提高时，债券的价格就降低；当利率降低时，债券的价格就会提高。由于债券价格会随利率而变动，所以即便国债没有违约风险也会存在利率风险。

所以最好的办法是分散债券的期限，长短期相互配合，如果利率上升，短期投资可以迅速地找到买入机会，若利率下降，长期债券价格升高，一样保持高收益。

**2.购买能力风险**

购买力风险,是债券投资中最常出现的一种风险。是指由于通货膨胀导致货币购买力下降的风险。通货膨胀期间,投资者取得的实际利率等于票面利率减去通货膨胀率。若债券利率为 10%,通货膨胀率为 8%,则实际收益率就只有 2%,对于购买力风险,最好的规避方法就是进行分散投资,分散风险让某些收益较高的投资收益弥补因使购买力下降带来的风险。

**3.变现能力风险**

变现能力风险,是指投资者无法在短期内以合理的价格卖掉债券的风险。在投资者遇到一个更好的投资机会的情况下,却不能及时地找到愿意出合理价格购买的买主,投资者就要把价格降到很低或者再等很长时间才能找到买主卖出,那么,在此期间他就要遭受损失或丧失新的投资机会。针对变现能力风险的抵御,投资者应尽量选择购买交易活跃的债券,如国债等,便于得到其他人的认同,冷门的债券最好不要购买。

**4.违约风险**

违约风险,是指债券发行人不能按时支付给债权人债券利息或偿还本金,从而给债券投资者带来损失的风险。在所有债券之中,财政部发行的国债是最具信誉度的,由于有中央政府做担保,被市场认为是金边债券,没有违约风险。但除中央政府以外的地方政府或公司发行的债券则或多或少地会有违约风险。因此,我国设有信用评级机构,它们要对债券进行评价,以反映其违约风险。一般来说,如果市场认为一种债券的违约风险较高的话,那么就会要求该债券提高收益率,从而降低风险,弥补债权人可能承受的损失。

违约风险一般都是由于发行债券的主体或公司经营状况不佳带来的,所以,避免违约风险最直接的办法就是在选择债券时,仔细了解该公司以往的经营状况和公司以往债券的支付情况,尽量避免将资金投资于经营状况不佳或信誉不好的公司债券上。

### 5.经营风险

经营风险，是指由于债券发行人或公司及机构的管理与决策人员在对其经营管理过程中发生失误而导致的风险。为了防范这一风险，投资者在选择债券时一定要对上市公司进行分析研究，了解其赢利能力、偿债能力和信誉等。

债券投资的风险虽然比股票投资要小，但也绝不能忽视！投资者需要在收益和风险之间做出权衡。

# 揭开外汇市场的神秘面纱

系统了解外汇交易市场，增强投资信心。

一、概念。外汇市场是指进行货币交换的市场。从广义上讲，外汇市场包括：外汇存单、货币兑换、外贸融资、外币信贷、货币期权、期货合同、外汇远期、外币掉期合同等。外汇市场没有固定的交易场所，没有统一的交易时间，只是由个人投资者、公司和银行组成的、通过计算机和电话连接而成的全球网络运作。

二、成交量。外汇市场每日的成交量约 1.9 万亿美元，是美国股市和国债市场交易额总和的几倍。然而美国股市和美国国债市场是全球第二大金融市场，可见外汇市场就是全球最大、流通性最强的金融市场。外汇行情每分每秒都在变，特别是在交易密集的时段，单笔交易额能普遍达到2亿~5亿美元的外汇交易值。

三、组织系统和规则系统。外汇市场由为数不多的大做市（指具备一定实力和信誉的证券经营机构）银行组成，这些做市机构分散在不同的地方，分设在全球众多的金融中心，但机构之间通过电话、计算机和其他电子手段时刻保持密切联系。它们彼此之间进行交易的同时也与客户进行交易。全球经济一体化的趋势使外汇市场成为真正意义上的全球化市场，把全球外汇交易中心变成了一个整体，形成了纽约、东京、加拿大、伦敦、法兰克福、巴黎、芝加哥、苏黎世、米兰等金融中心。

每个国家的外汇市场都有其自身存在的基础条件，而且每个国家针对于外汇市场的运作和相关问题制定有自己的法律、会计制度和规则、银行管理条例，更重要的是创立了自己的支付和结算体系。虽然各国的金融体系和基础设施不尽相同，但全球外汇市场只有一个，并且对所有国家的投资者开放。

四、不间断的交易性。由于世界各个国家的时差性，导致了不同国家或不同地区的金融中心在营业时间上存在着一些交叉，于是外汇市场实行 24 小时的全天候交易。金融中心的运作几乎都是昼夜运行的，银行和其他机构每时每刻都在交易。如，根据地域时区的划分，每天凌晨，外汇交易首先由亚洲区开始，然后逐步传递到欧洲区及美洲区，等到美洲市场晚上收市的时候，亚洲市场主力早已开始为第二天的开市做准备了。这种传递就是世界金融交易 24 小时都在运作的原因。

五、前景的展望。自 20 世纪 70 年代初期以来，随着金融交易的日益国际化，外汇市场从规模和范围等方面都发生了较大的变化，融合了世界经济和金融体系的结构性变化。

首先是布雷顿森林体系的崩溃，导致国际货币体系发生了根本性的变化，越来越多的国家汇率制度由固定体制转向浮动体系，现在每个国家都可以选择浮动汇率，奉行不同的汇率制度或选择符合自身经济体系的操作方法。

其次是全球范围内的金融改革使得很多管制和不必要的限制解除，此举为金融企业松绑，提高了国内、国际金融交易的自由度，同时也加大了各金融机构之间的竞争。

最后是国际贸易自由化的双向发展趋势。国际贸易的自由化步伐加快得益于北美自由贸易区、世界贸易组织、美国对华及对日双边贸易的飞速增长等因素。同时技术的进步与发展一定程度上加快了信息的传播速度,节省了市场信息成本,便于投资者把握市场机会,快速、准确地交易,极大地提高了金融市场的效率。

总之,随着交易的多样化,全球范围的金融改革,国际贸易自由化的纵深发展,外汇投资的无国界化,外汇市场将面临着更良好的发展前景。金融实践的不断创新,信息技术的不断升级,也给外汇市场的发展如虎添翼。

投资者应汇总分析各方面的信息,完善其投资意向,从而增强对投资的信心。

## 可以投资的期货品种有多少

期货总体划分为商品期货与金融期货两大类。

其中,商品期货中又可以分为农副产品期货、金属期货(包括基础金属与贵金属期货)、传统能源与新能源期货三大类主要品种。

金融期货的主要品种又可分为外汇期货、利率期货(包括中长期债券期货和短期利率期货)和股指期货三类。金融期货交易在 20 世纪 70 年代的美国市场产生。标志着金融期货开始交易的两点标志是:1972 年,美国芝加哥州商业交易所的国际货币市场开始国际货币的期货交易;1975 年芝加哥商业交易所开展房地产抵押券的期货交易。

金融期货中的外汇期货,是金融期货中最早出现的品种。指以汇率为标的物的期货合约,主要作用是回避汇率风险。目前,外汇期货主要品种有:美元、英镑、日元、德国马克、加元、瑞士法郎、澳元等。从世界范围看,美国是外汇期货的主要市场。

利率期货的种类繁多,分类方法多样。它的作用是回避银行利率波动引起的证券价格变动的风险。按照合约标的期限,可分为短期利率期货和长期利率期货两大类。

股指期货是指以股票基数为标的物的期货。买方卖方交易的是在一定期限后的股票指数价格变化水平,往往通过现金结算差价来进行交割。

农产品期货主要包括四大类:林产品、畜产品、经济和粮食。林产品类有各种木材、天然经济植物等;畜产品类有主要活牲畜等;经济类有棉花、原糖、咖啡、可可、棕榈油等;粮食类有大米、小麦、玉米、大豆、花生仁等。

包括在商品期货类的金属期货又包括:普通金属和贵金属两大类。贵金属类有黄金、白银、铂和钯等,普通金属类有铁、锡、铜、铝、锌、铅等。

能源期货包括汽油、天然气、原油等。

## 未雨绸缪,保险为人生护航

天有不测风云,人有旦夕祸福。面对漫长的生命旅途,一份有效的保险能很好地为您保驾护航。

个人还是家庭作为社会的组成部分,都希望有一个完美的未来,这就需要我们对未来做出良好的规划,而投资保险就是现代家庭保障未来生活的一种明智选择。保险是指投保人根据合同约定,向保险人支付保险费,保险人对于合同约定的可能发生的事故和因其发生所造成的财产损失承担赔偿保险金责任,或者当被保险人死亡、伤残、疾病或者达到合同约定的年龄、期限时承担给付保险金责任的商业保险行为。保险虽然有很多好处,但也是一种投资,那就具有一定风险。因此,选择适合自己的保险品种就十分重要。

选择合适自己的险种需要从以下几个方面考虑:

**1.确定投保目的**

投保作为一种投资,有着各种用途。例如,爱车的人就应该选择车险;

爱享受生活的人就应该选择养老保险;为了以防万一, 就要选择意外保险;当然还有很多险种,但是投保目的一定要确定。

**2.确定保额数额与种类,量力而行**

保险可分为人身保险和财产保险两大类。财产保险的支付金额与家庭财产保险价值大致相当,超过的部分是无效的;如果保险金额低于保险价值,除非保险合同另有约定,保险公司就将按照保险金额与保险价值的比例承担部分赔偿责任或只能以保险金额为限赔偿。

区别于财产保险,人身保险要求的保险金额由投保人自己确定,并按时缴纳保险费,如果自己经济状况不支出现不能承担保险费的情况,就会导致违约的出现,从而不利于投保人的收益。

**3.险种期限要相配**

保险期限长短决定投保金额的多寡,对投保人的经济利益影响很大。比如重大疾病险,一般为两年期,人寿保险至少要五年期,有些保险投保人可在期满后选择续保或停止投保。投保人可以根据自身情况的不同选择适合自己的险种。

**4.投保重在合理投资组合**

相比于其他投资品种来说,保险是风险最小的一种投资方式。懂得理财的人大都懂得将保险投资主险和附险进行组合,以期收益最大,风险最小,得到更好的保障性。如果你购买了多项保险,那么就以综合的方式投保。不仅确保资金安全,而且节省保险费,以求最大的优惠。

投保的最大好处就是未雨绸缪,为我们的人生护航。

# 通过收藏来投资

如今的消费者已经越来越注重品牌效应，品牌经济也已经为市场带来了巨大的收益。但是品牌收藏，对大多数人来说还是一个全新的概念。

**1.国外的收藏事业**

据了解，现在国外的品牌收藏已经是十分稀松平常的事，大到汽车，小到纽扣，远至葡萄酒收藏，近至现代软件光碟，许多品牌都有一群忠实的收藏爱好者。而且，许多网站都专门设有一个进行品牌收藏的网页，网友不计其数。

**2.收藏能够带动品牌发展**

目前我国的收藏门类有很多，譬如古董、奇石、玉器、字画、古旧家具等，随着收藏活动的迅速发展，近几年又涌现出大量的专题收藏，如人物文物收藏、历史专题收藏等，但专门对一个品牌的产品进行收藏的还不多见。

比如说在上海的几家大商场里，陈列着风靡全世界的变形金刚。在美国，几乎每个人都藏有数款，但是在国内来买变形金刚的人大多是小孩，他们只是将其当作普通的洋娃娃，并不用来收藏。

事实上每一个知名品牌的背后都蕴涵着丰富的文化。我国的品牌收藏才刚刚起步，国人的品牌意识其实也就还停留在注重产品质量的层次上，往往最先注意的是这个品牌所带来的使用价值。实际上一个品牌它包含的内容极为丰富，就像美国军刀，质量只是其中的一部分，它的品牌中还包含了文化价值。这是一个收藏观念的问题。

**3.大众参与意识逐渐形成**

虽然多数的人对品牌收藏的价值还很模糊，但其实这种收藏已经悄然在我们身边发生，而且有些人已参与其中，只是没有意识到。

比如色彩丰富、充满时尚气息的迪士尼手表，每年都会推出数款限量发行的珍藏版，刚一推出便一售而空；快餐业的两大巨头肯德基和麦当劳，每隔一段时间就会推出一批同一品种多种款式的促销玩偶，像Hel-loKitty、史努比等，不仅受到许多孩子们的喜爱，还成为了众多年轻人追捧的藏品。

我们已经意识到收藏也是一种投资手段，但是收藏到底带来多大的价值，对于个人来讲，能获得多大利润？决定因素有两个：一是货源，一是买主。

手里有好的收藏品，这是最大的优势，假如你处在市场的一个角落，藏品也会很快出售；倘若手中没有好的收藏品，即是在市场上占了个好位置，也会无人问津。寻找好的货源，无论用什么样的方法，只要把货源搞到，钱就等于赚了一半。

有了货源，还要有合适的买主，这是赚钱多少的关键。因为同一件收藏品，卖给张三就有可能只卖到100元，卖给李四可能就是1000元，而卖给王五可能就是2000元或更多。找买主分为三种，一是主动找买主，通过各种途径来与买主联系；二是被动找买主，如为自己的藏品打广告等，让需要的买主与你联系；三是留心怎样的藏品比较受热捧，并记下买主的联系方式，有货后直接与其联系。能迅速地找到买主，那么你的资金流通也就会相对迅速，利益也就会快速增长。

另外还有一种中介藏品交易，即受顾客所托，寻找顾客需要藏品，并从中获利。有的买主还会教给你一些鉴定方法，与此同时你又可以免费学到很多宝贵的经验。这样两全其美，何乐而不为呢？

# "投金"高手是怎样炼成的

在黄金市场上,一个成功的投资者需要具备很多的能力,如正确的判断能力、分析能力等。只有尊重趋势顺势操作,避免盲目,才能积小胜为大胜,最后跻身赢家之列。下面就为大家介绍五种投资黄金的投资理念:

**1.相信市场的判断**

投资市场上流行这样一句话:市场永远是对的。投资者最大的忌讳往往就是固执已见,在市场面前不肯认输,不肯止损。请记住,价格这条黄金杠杆能带来一切市场信息,按市场的信息来决定行动计划,顺势而为,这才是市场的长存之道。

**2.对市场聚点的把握**

一般情况下,都是某一个市场的焦点决定市场中线的走势方向,同时市场也会不断地寻找变化关注的焦点来作为炒作的材料。

2005 年 2 月的朝鲜和伊朗的核问题对金价以及国际局势的影响就是典型的例子,金价在一个月内从 410 美元迅速上扬到 447 美元的高点。后来美国做出让步,气氛才缓和下来。之后召开的美联储议息会议又转化了市场的焦点, 此次会议强调了美国通胀压力有恶化风险,金价随之从 447 美元滑落。

2006 年 6 月伊朗核问题进入谈判阶段, 此时中东的局势才暂时平缓,金属和原油持续走高的价格才慢慢回落。当之前的所有热点因素重归平静的时候,美元又成为影响黄金走势的新的热点因素。

从上述事例可以看出,市场焦点的变换,决定金价在相应阶段的方向性的走势。当然市场焦点的转换并没有明显的界限,只是在不知不觉当中完成的,只有通过关注市场舆论和相关信息才能做出市场走势的推断,而且不排除有推断错误的可能。

### 3.尽量利润延续

往往缺乏勇气的投资者,总是见好就收,刚赢利就着急平盘收钱。虽然规避了一定的风险,也丧失了进一步赢利的机会。进入金市投资,人们最主要的目的不仅是为了赚钱,有经验的投资者,如果认为市场趋势会朝着对他有利的方向发展,会沉下心来,根据自己对价格走势的判断,确定准确的平仓时间,使利润延续。

### 4.要学会建立头寸,斩仓和获利

入市建立头寸的良好时机在于,不管是下跌行程中的盘局还是上升行程中的盘局,一旦盘局结束突破支撑线或破阻力,市价就会突破或下或上,呈突进式前进。赢利的前提是选择适当的金价水平以及时机建立头寸。如果没有把握好入市的时机,就容易发生亏损。相反,如果盘局属长期关口,突破盘局时所建立的头寸,必获大利。

获利,就是在敞口之后,价格朝着对自己有利的方向发展,平盘可获赢利。在这个时候,把握时机就显得非常重要。卖得早与晚都不能实现利益的最大化,只有把握好最好的时机,迅速做出决定,才能实现最大的利益。

每个投资者都应先学会斩仓的本领。斩仓是在建立头寸后,突遇金价下跌时,为防亏损过多而采取的平仓止损措施。一斩仓,亏损便成为现实。未斩仓,亏损仍然是名义上的。从经验上讲,任何盲目等待,心存侥幸,都会妨碍斩仓的决心,会给投资者造成精神压力。如果不斩又有招致严重亏损的可能,所以,该斩即斩,必须严格遵守。

### 5.应对大跌后的反弹和急升后的调整

在金融市场上,价格的升与降都不会呈现一条直线,因为升得过急总会调整,跌得过猛也会反弹。

总有一扇门为你打开。更大的机会总是潜藏在虚掩的一扇门中,有策略地进攻市场比起盲目跟风地瞎闯,好处不言而喻。

## 选择最熟悉的行业来投资

孙子曰:"兵者,国之大事,死生之地,存亡之道,不可不察也。"投资也是如此,都必须事前进行认真分析。投资是一种前瞻性的经营行为,有一定的风险性。因而我们将投资比作一把双刃剑,它在创造财富的同时也可以吞噬投资者的信心和财力,陷投资者于投资失误的泥潭。就实业投资来说,业界就流行一句老话曰:不熟不做。意思是只有你对这个行业充分了解才能选择下手。

俗话说"隔行如隔山",投资者要想投资成功一个陌生的行业难度很大,所以并不是每一个赚钱的行业都适合你去投资,每个行业都能赚钱,关键是找准你所要投资的行业。

因此,要创业就涉足于自己有经验的、相对熟悉的行业,以免介入进来的时候遭遇障碍还一头雾水。

每个行业都有自己的核心内容,不管做什么生意,越是本行业专家,越是有优势。投资不是盲目的比决心和勇气,也不是盲目地跟风,不从细节上去了解这个行业就去盲目投资,往往是钱财和精力两失,重者血本无归。

所以建议大家在选择生意行业的时候,一定要认真考察,选择自己了解的行业来投资。

现实生活中,任一个行业,都有自己的一套东西;每一种生意,也都有自己的特点。想要更早地成功就选择自己熟悉的行业,只有从根本上对这一行业了如指掌,才能落地生根,越做越大。